Hans Schlosser
Die „Leopoldina“

Strafrechtswissenschaft und Strafrechtspolitik
Band 23

Strafrechtswissenschaft und Strafrechtspolitik

Band 23

Redaktion: Dr. Sven Grotendiek

De Gruyter

Hans Schlosser

Die „Leopoldina“

Toskanisches Strafgesetzbuch vom 30. November 1786

Originaltext, deutsche Übersetzung und Kommentierung

De Gruyter

Dr. *Hans Schlosser*, em. Universitätsprofessor für Bürgerliches Recht und Rechtsgeschichte an der Juristischen Fakultät der Universität Augsburg.

Abbildungen: Bildarchiv der Österreichischen Nationalbibliothek, Bildnummer Pg 10 1/9 in Portefeuille 136:I (11) (Leopold II., 1747–1792); Archivio di Stato di Firenze, Segreteria di Gabinetto, Appendice, f. 62, ins. 40 (su concessione del Minestero per i Beni e le Attività Culturali).

ISBN 978-389949-839-4
e-ISBN 978-389949-840-0

Bibliografische Information der Deutschen Nationalbibliothek

Die Deutsche Nationalbibliothek verzeichnet diese Publikation in der Deutschen Nationalbibliografie; detaillierte bibliografische Daten sind im Internet über http://dnb.d-nb.de abrufbar.

Druck: Hubert & Co. GmbH & Co. KG, Göttingen
∞ Gedruckt auf säurefreiem Papier

Printed in Germany

www.degruyter.com

PIETRO LEOPOLDO
PRINCIPE REALE D' VNGHERIA, E DI BOEMIA
ARCIDVCA D'AVSTRIA GRAN-DVCA DI TOSCANA & & &

Giusep. Servolini del. *Appresso Giovacchino Pagani in Firenze.* *C. Faucci sc. R.*

Vorwort

Dieses Buch ist die Antwort auf eine desolate, unerträgliche Forschungslage. Die deutsche historische Strafrechtswissenschaft hat das Strafgesetzbuch „*Riforma della legislazione criminale di Toscana*“ vom 30. November 1786 praktisch nicht zur Kenntnis genommen. Außer marginalen, im Grunde nichtssagenden Notizen hat sich an diesem Desinteresse bis heute nichts geändert. Wenn ausnahmsweise überhaupt Bezugnahmen auf singuläre Vorschriften des Gesetzes erfolgen, wird nicht der italienische Originaltext, sondern nach den ersten und bislang letzten(!) deutschsprachigen Übersetzungen des Jahres 1787 zitiert.

Angesichts der Bedeutung dieser Gesetzgebung, die nach *Peter Leopold*, dem toskanischen Großherzog und späteren römisch-deutschen Kaiser *Leopold II.* allgemein „*Leopoldina*“ bezeichnet wird, – eine groteske Situation! Immerhin war der toskanische „*Codice Criminale*“ Vorreiter eines aufgeklärten Strafrechtsdenken und ein Meilenstein auf dem Weg zu einem rationalen, individualisierten, humanen und säkularen Kriminalrecht in Europa.

Der italienische Originaltext, eine deutsche Übersetzung mit eingehender Kommentierung und Register dienen ersten Zugriffen auf Entstehung, Regelungstechnik, Regelungsinhalte und Normstrukturen inerhalb der Gesamtkonzeption der Gesetzgebung. Von der kommentierten Edition sollten Impulse zu einer neuen, intensiven Beschäftigung mit diesem frühen Zeugnis aufgeklärter Kriminalpolitik in Europa ausgehen.

Die Entstehung des Buches begleiteten Mithilfe und Anteilnahme vieler akademischer Weggefährten. Für den Fortgang der Untersuchungen entscheidende Anregungen und Hinweise verdanke ich meinen italienischen Fachkollegen und Freunden. Durch sie fand ich Zugänge zu Besonderheiten des historischen Strafrechts, der politischen und Verfassungsgeschichte Italiens, wie sie das Studium der Quellen und Literatur allein nicht vermitteln kann. Stellvertretend für viele nenne ich *Professor Mario Da Passano*, Inhaber des Lehrstuhls „Storia del Diritto Italiano“ an der Universität Sassari, der am 23. April 2005 überraschend und viel zu früh verstarb. Er hat mir mit seinen wegweisenden modernen Arbeiten zur „Leopoldina“ und in zahlreichen persönlichen Gesprächen Einsichten in die Komplexität des Entstehungsprozesses der „Leopoldina“, in das Besondere des zeitgenössischen italienischen politischen, theoretischen wie dogmatischen Strafrechtsdenkens sowie in die einmalige Konzeption der aufgeklärten toskanischen Gesetzgebung ermöglicht. Ihm – grazie di cuore!

Die Veröffentlichung dieses Buchs hat *Professor Dr. Dr. Thomas Vormbaum*, Inhaber des Lehrstuhls für Strafrecht, Strafprozessrecht und Juristische Zeitgeschichte an der Rechtswissenschaftlichen Fakultät der FernUniversität in Hagen, ermöglicht. Er hat das Manuskript in die von ihm herausgegebene Reihe aufgenommen und damit die Voraussetzungen für eine über das allgemeine rechtshistorische Interesse hinausgehende Verbreitung geschaffen. Die technische Fertigstellung und Redaktion lag in den Händen des wissenschaftlichen Mitarbeiters am Lehrstuhl, *Dr. Sven Grotendiek*. Ihnen beiden gilt mein aufrichtiger, herzlicher Dank.

Augsburg/München, im August 2009 *Hans Schlosser*

Inhaltsverzeichnis

Entstehung, Profil des Gesetzes und Kriterien der Edition

I. Die untypische Entstehung des Gesetzes

1. Pietro Leopoldo – der fürstliche Gesetzgeber

Die am 30. November 1786 verkündete „*Riforma della Legislazione Criminale Toscana*“ galt schon bald nach ihrem Inkrafttreten europaweit als Gründungsdokument eines aufgeklärt rationalen, humanen und zivilisierten Strafrechtsdenkens.[1] Das auch „*Legge Criminale*“ bezeichnete Kriminalgesetzbuch wurde als in die Zukunft weisende „una celebrità europea“ gefeiert.[2] Ihr geistiger Urheber, Schöpfer und höchstpersönlicher Verfasser war *Peter Leopold* (1747–1792), Großherzog von Toskana, Bruder des römisch-deutschen Kaisers *Joseph II.* aus dem Hause Habsburg, dem er nach dessen Tod 1790 in diesem Amt als *Leopold II.* nachfolgte.[3] Das Gesetz wurde nach ihm „*Codice Leopoldino*“[4] oder kurz „*Leopoldina*“ genannt. Unter dieser Bezeichnung gilt es bis heute als frühes Beispiel der frühen Präsenz einer aufgeklärten Modernität im europäischen Strafrecht.[5]

---

1 *Hans Schlosser*, Juristische Methodische Konzeption und System der aufgeklärten toskanischen « Leopoldina » v. 30.11.1786, in: Zeitschrift für Neuere Rechtsgeschichte 21 (1999), 136–152; *ders.*, Leopoldina, in: Enzyklopädie der Neuzeit, Bd. 7, 2008, 837–840.

2 *Antonio Zobi*, Storia civile della Toscana dal 1737 al 1848, tom. II, Firenze 1850, 431.

3 Am 27. Juli 1790 Übergabe der Regierungsgeschäfte an seinen Sohn *Ferdinand III.* (1769-1824).

4 *Giovanni Tarello*, Storia della cultura giuridica moderna I, Bologna 1976, 547 e n. 133.

5 *Hans Schlosser*, Die toskanische « Leopoldina » von 1786. Ein aufgeklärtes Kriminalgesetzbuch als Modell für ein neues europäisches Strafrecht?, in: Gedächtnisschrift f. Herbert Hofmeister, 1996, 641 ff.

Nach dem Spanischen Erbfolgekrieg und nach dem Erlöschen der Medici-Dynastie – mit dem kinderlos verstorbenen *Gian Gastone* – erhielt das Haus Habsburg-Lothringen im Frieden von Wien 1737 den (seit 1537) erblichen Granducato di Toscana als Reichslehen. *Franz Stephan*, Herzog von Lothringen, Ehemann Maria Theresias und seit 1745 als *Franz I.* römisch-deutscher Kaiser, hatte das herrscherlos gewordene Territorium als Entschädigung für Lothringen erhalten, das er an *Stanislaus I. Leszczynski*, den früheren König von Polen hatte abtreten müssen.[6] Nach dem Tode Franz I. erbte sein 18jähriger Sohn Peter Leopold die Toskana als habsburgische Sekundogenitur und nannte sich nach der Thronbesteigung in der Residenzstadt Florenz am 13. September 1765[7] in bewusster Distanz zu seiner Habsburger Herkunft fortan offiziell in italienischer Version *Pietro Leopoldo*.[8]

Unter der Medici-Herrschaft war der Granducato ein heruntergekommenes, wirtschaftlich zu einem reinen Agrarstaat abgestiegenes Land.[9] Wohlstand und ökonomische Prosperität herrschten in der Residenzstadt Florenz, deren Hauptquellen vorwiegend die frühindustriell produzierenden und exportierenden Textilbetriebe waren. Die Oberhoheit der Kapitale als Machtzentrum des alten „Dominio vecchio fiorentino“[10] sowie das exklusive, durch zahlreiche Privilegien abgesicherte Wirtschaften des Patriziats und der Zünfte konservierten sozial- wie wirtschaftspolitisch unhaltbare Zustände. Im Umland, namentlich im Stadtstaat des alten Siena lebten die Menschen in bitterster Armut. Misswirtschaft, Hungersnöte und Epidemien hatten die Landwirtschaft als Hauptenährungsquelle immer stärker in den Hintergrund gedrängt und schließlich vollständig ruiniert. Sonderrechte der Zünfte, Zollprotektionismus

---

6 Näher dazu *Furio Diaz*, Agl'inizi della dinastia lorenese in Toscana. I problemi della Reggenza, in: Studi di storia medievale e moderna per Ernesto Sestan II, Firenze 1980, 669 ss.

7 Nach einer Zeit der „Reggenza“ von 1737–1765. Die persönliche Übernahme der Regierungsgeschäfte erfolgte 1771. Zur Berichtigung des Datums der Thronbesteigung vgl. *Gerda Graf*, Der Verfassungsentwurf aus dem Jahr 1787 des Granduca Pietro Leopoldo di Toscana, 1998, 127 u. Fn 5.

8 *Adam Wandruszka*, Leopold II. Bd. I, 1965, 17; *Helga Peham*, Leopold II., 1987, 110 ff.

9 *Gino Capponi*, Scritti editi e inediti, per cura di M. Tabarrini, vol. II, Firenze 1877, 402 ss.; *Franco Venturi*, Settecento riformatore – I. Da Muratori a Beccaria, Torino 1969, 46 ss.

10 Neben dem « Stato nuovo » (mit Siena) und den « Feudi imperiali » der Medici (Lunigiana), näher dazu s. *Maria Rosa Di Simone*, Istituzioni e fonti normative in Italia dall'antico regime al fascismo, Torino 2007, 61 ss.

und Interventionismus des Staates behinderten den notwendigen, radikalen Umbau im Sinne der neuen physiokratischen Lehren.[11]

Auch unter den Habsburgern änderte sich an dieser desolaten Situation anfangs nichts Wesentliches. Ein dichtmaschiges System von Steuern und Zöllen sowie die Einführung der Verpachtung der Steuereintreibung (sog. Finanzpacht), die den Steuerpflichtigen zusätzliche Bedrückungen auferlegte, sorgten für einen permanenten Geldabfluss nach Wien. Dadurch wurde in der Toskana die allgemeine Verelendung perpetuiert und Franz Stephan als Großherzog seinen toskanischen Untertanen entfremdet. Hass bestimmte das Verhältnis des Herrschers zur Bevölkerung. Zudem war die Rechtsprechung uneinheitlich und durch unterschiedlichste Kompetenzgrenzen völlig unübersichtlich geworden, die Justizorganisation ineffizient und chaotisch.[12]

Als Pietro Leopoldo die Herrschaft antrat, hatten Handel, Wirtschaft, Verwaltung und Justiz einen Tiefstand erreicht.[13] Der junge Granduca wollte dies grundlegend ändern und sein Herrschaftsgebiet zu einem Musterstaat der europäischen Aufklärung umwandeln. Hervorragende toskanische Berater, wie *Pompeo Neri* und *Francesco Maria Gianni*, standen ihm dabei zur Seite.[14] Mit einem Bündel von Reformen begann er einen komplexen und umfassenden Transformationsprozess. Eine Vielzahl von Maßnahmen sollte auf allen Ebenen der Administration einen grundlegenden Umbau des Staates bewirken. Ihnen allen lag jedoch keine einheitliche Planung und straff geführte strategische Steuerung zugrunde. Vielfach neutralisierten sich die Einzelreformen wechselseitig. Unübersehbar war dessen ungeachtet jedoch der starke Wille des Granduca, Wirtschaft, Finanzen, Verwaltung, Justiz und damit das gesamte

---

11 Erste Kontakte des Granduca mit den Physiokraten bereits um 1770, vgl. *Mario Mirri*, La fisiocrazia in Toscana, in: Studi di storia medievale e moderna per Ernesto Sestan II, Firenze, 1980, 748 ss.

12 Zum Ganzen s. *Hans Schlosser*, Verfassungs- und Rechtsreformen des aufgeklärten Habsburgers Granduca Pietro Leopoldo di Toscana im 18. Jahrhundert, in: « De curia semel in anno facienda ». L'esperienza parlamentare siciliana nel contesto europeo, a curia di Andrea Romano, Milano 2002, 221 ff. (232 ff.).

13 Vgl. *Graf*, Der Verfassungsentwurf, 142 ff.

14 Zu ihnen vgl. *Venturi*, Settecento I, 53 ss. ; *Furio Diaz*, Francesco Maria Gianni. Dalla burocrazia alla politica sotto Pietro Leopoldo di Toscana, Milano-Napoli 1966; *Marcello Verga*, Da „cittadini“ a „nobili“, in: La „Leopoldina“ 4, Milano 1990, 169 ss.; *Pompeo Neri*, Atti del colloquio di studi di Castelfiorentino (1988), Castelfiorentino 1992; *Ugo Petronio*, La lotta per la codificazione, Torino 2002, 315.

gesellschaftliche System gegen alle Widerstände radikal und nachhaltig zu verändern.[15]

Eine der wichtigsten Maßnahmen war die Bodenreform. Die Bonifizierung der sumpfigen, malariaverseuchten Maremma, eines öden, dünn besiedelten Landstrichs um die Kleinstadt Grosseto[16], erhielt oberste Priorität, weil sie rekultiviert zur Steigerung der landwirtschaftlichen Produktion beitrug.[17] Mit der stufenweise Anerkennung der Freiheit des Handels und des Gewerbes sollte im gesamten Großherzogtum der freie Kornmarkt hergestellt, die Landwirtschaft gefördert und – durch Befreiung vom Zunftzwang – die Produktivität auch auf dem Lande gesteigert werden.[18]

Einen weiteren bedeutsamen Eingriff in alte Bodenstrukturen bewirkte die Umwandlung des gebundenen Eigentums der zumeist adeligen Großgrundbesitzer in kleinflächigere Bodenflächen, die der Granduca den Bauern im Wege der Erbpacht zur Nutzung geben wollte. Zu einer erheblichen Verminderung der Steuer- und Abgabelasten trug auch die Aufhebung der bei der Bevölkerung verhassten Finanzpacht bei. An ihre Stelle trat im Zuge einer gleichzeitig begonnenen Gemeindereform ein neuartiges Steuererhebungsverfahren. Für jede Gemeinde sollte eine einheitliche, möglichst unveränderbare Steuer festgelegt und die erhobenen Finanzmittel nach vorher vereinbarten festen Quoten zwischen Staat und Kommune aufgeteilt werden. Vereinfachung, Kostenersparnis, Dezentralisierung der Steuerbehörden und Erhöhung der Effizienz der Steuerverwaltung waren die leitenden Ziele.

Nach den Plänen des Granduca sollte auch das Justizwesen von Grund auf umgebaut, die zersplitterte Gerichtsorganisation mit einem verworrenen Instanzenzug vereinheitlicht, der Strafprozess vereinfacht, der Strafvollzug humanisiert und die praktisch ineffiziente Verwaltung rigoros rationalisiert werden. Eine 1771 verordnete qualifizierte, universitäre (Pisa) und praktische

---

15 Grundlegend dazu vgl. *Mario Mirri*, Riflessioni su Toscana e Francia, riforme e rivoluzione, in: Accademia Etrusca di Cortona, Annuario XXIII, 1987–88, Calosci-Cortona 1989, 139 ss. (143 ss.), und *Di Simone*, Istituzioni e fonti normative in Italia, 66 ss.

16 Näheres dazu bei *Wandruszka* I, 136; *Ildebrando Imberciadori*, L'agricultura al tempo di Lorena, in: I Lorena in Toscana, Firenze 1989, 139 ss. (152 ss.).

17 Dazu vgl. auch *Franco Valsecchi*, Der aufgeklärte Absolutismus (Italien), in: Der aufgeklärte Absolutismus, hrsg. v. K. O. v. Aretin, Neue Wissenschaftliche Bibliothek 67 Geschichte, 1974, 205 ff. (226).

18 *Volker Reinhardt*, Geschichte Italiens, 2003, 168 ff.

Juristenausbildung sorgte für die dazu nötigen Berufsjuristen.[19] 1781 wurden die Unfähigen – „giusdicenti inutili“ – entlassen und durch Qualifizierte – „onesti ed abili giureconsulti“ – ersetzt. Umfassende Gesetzesreformen[20] hatten alle diese, die Grundstrukturen des Staates berührenden Maßnahmen flankierend zu ergänzen. Pietro Leopoldo beabsichtigte, nach dem Strafrecht 1787 auch das Zivilrecht grundlegend umzugestalten. Anders als auf dem Gebiet des Kriminalrechts stagnierte jedoch die Zivilrechtsreform aus bisher nicht hinlänglich aufgeklärten Gründen. Die Arbeiten wurden 1792 endgültig abgebrochen.[21]

Mit den Justiz- und Gesetzesreformen erstrebte der Granduca einen modernen, innenpolitisch auf Wohlfahrt der Untertanen, Sicherheit und Ordnung des Gemeinwesens, außenpolitisch auf umfassende Neutralität gegründeten Staat.[22] In diesem vernunftrechtlich organisierten Gebilde sollte sich die Emanzipation des Untertans des Ancien Régime zum Individuum mit angeborenen Menschenrechten vollziehen. Eine geschriebene „Constituzione“ war als politische Grundordnung und zugleich als Krönung der neugeordneten Gesetzgebung vorgesehen. Die Verfassung hatte die altständischen Schranken zu beseitigen, die Grundsätze der Rechtsgleichheit der Untertanen zu verwirklichen, elementare Menschen- und Bürgerrechte zu garantieren sowie die politische Macht des Souveräns im Sinne einer aufgeklärten Staatslehre zu beschränken. Pietro Leopoldo wollte – noch vor der Französischen Revolution –

19 „onesti e dotti giudici“ – Richter und Notare, vgl. *Giuseppe Flore*, Appunti sugli ordinamenti giudiziari toscani, in: Studi in memoria di Andrea Torrente, vol. I, Milano 1968, 354 ss.

20 Nach dem Regierungsantritt (1765) wurde die Todesstrafe nicht mehr verhängt; die „Riforma“ verfügte 1786 in Art. 51 förmlich ihre endgültige Abschaffung. Auch die Anwendung der Folter und verstümmelnder Strafen hatte Pietro Leopoldo bereits durch geheime Instruktionen untersagt, vgl. dazu *Giovanni Carmignani*, Ueber die Schicksale der Todesstrafe in der Gesetzgebung von Toscana, in: Kritische Zeitschrift für Rechtswissenschaft und Gesetzgebung des Auslandes, Bd. 2, Heidelberg 1830, 386, 391 ss.; *Paolo Comanducci*, La scuola criminalista pisana tra Sette e Ottocento, in: La „Leopoldina“ 10, Milano 1990, 284 ss. (289 s.)

21 Kompilierende Arbeiten an einem „Codice delle leggi patrie“ hatte schon 1747 *Pompeo Neri* begonnen; sie wurden 1787 vom Auditor *Giuseppe Vernaccini* fortgesetzt, vgl. dazu *Zobi*, Storia civile, 438 ss.; *Danilo Marrara*, Diritto patrio e diritto comune nei progetti toscani di codificazione dell'età della Reggenza, in: Bollettino Storico Pisano Vol. XLIII, Pisa 1974, pp. 149 ss.; *Arnaldo Salvestrini* (Ed.), Pietro Leopoldo. Relazioni sul governo della Toscana, vol. I, Firenze 1969, 101 ss. ; *Filippo Ranieri*, Gesetzgebung in Italien. Granducato di Toscana, in: H. Coing (Hg.), Handbuch der Quellen und Literatur der neueren europäischen Privatrechtsgeschichte, Bd. II/2, München 1976, 154.

22 Dazu s. auch *Di Simone*, Istituzioni e fonti normative in Italia, 65 s.

den absolutistisch im Geiste des Ancien Régime regierten Granducato in eine frühmoderne konstitutionelle Monarchie überführen.[23] Seine Vorbilder waren weniger die vorrevolutionären französischen Schriften von Montesquieu oder der Enzyklopädisten. Vielmehr verfolgte er mit lebhaftem Interesse die verfassungspolitische Entwicklung in Nordamerika.[24] Sie wollte er in seinem Staat – modifiziert – realisieren.

Dass die toskanische „Costituzione“ aus den Jahren 1782/1787 Entwurf blieb und keine rechtliche Geltung erlangte, hing – nach neuesten Forschungen[25] – auch mit der nur sehr zögerlich umgesetzten Kommunalreform sowie mit restaurativen politischen Tendenzen zusammen, die rückwärtsorientiert einer Öffnung gegenüber den ideologischen Postulaten der Aufklärung massiv entgegenwirkten. Unter maßgeblicher Beteiligung des Klerus wurden Unruhen unter der Bevölkerung angezettelt und Pietro Leopoldo, der eine jansenistisch geprägte Kirchenreform verfolgte[26], öffentlich der Verletzung tiefreligiöser Gefühle und des Traditionsbewusstseins der toskanischen Bevölkerung bezichtigt. Die romzentrierte Kirche wehrte sich massiv gegen ein von ihm projektiertes neues staatskirchliches System, das die Abhängigkeit von der römischen Zentrale lockern und gegenüber den vernunftstaatlichen Freiheitsrechten öffnen sollte.[27] Dem Reformimpetus des Granduca waren diese ständigen Rückschläge und politischen Ränkespiele nicht förderlich. Von seinen mit großer innerer Anteilnahme und Beharrlichkeit verfolgten Ideen und Visionen, die Toskana zu einem Musterland der Aufklärung zu gestalten, nahm er schrittweise Abstand und 1790 mit seiner Wahl zum römisch-deutschen Kaiser endgültig Abschied.[28]

---

23 S. *Giorgio La Rosa*, Il sigillo delle riforme. La ‘Costituzione’ di Pietro Leopoldo di Toscana, Milano 1997, 155 ss.; *Graf*, Der Verfassungsentwurf, 284 ff.

24 *Franco Venturi*, Settecento riformatore, IV/1 – La caduta dell’Antico Regime, tom. I, Torino 1984, 54 ss.

25 *Graf*, Der Verfassungsentwurf, 262 ff.

26 Vgl. *Mirri*, Riflessioni, 145 ss.; *Schlosser*, Verfassungs- und Rechtsreformen, 235 f.

27 Zum Ganzen s. *Capponi*, Scritti, 385 ss.; *Marina Laguzzi*, L’alienazione dei beni ecclesiastici in Toscana sotto Pietro Leopoldo, in: Archivio storico italiano 1995, 335 ss.

28 *Gabriele Turi*, « Viva Maria“. La reazione alle riforme leopoldine (1790–1799), Firenze 1969, 3 ss.

Schon Zeitgenossen haben Pietro Leopoldo als „Salomon de notre siècle"[29], „principe filosofo"[30], als „una delle più genuine incarnazioni dell'assolutismo illuminato"[31] oder als den „Weisen"[32] und „erleuchteten Strafgesetzgeber Toscanas"[33] gefeiert. Die seinen Namen führende „Leopoldina" galt als „unvergängliches Denkmal gesetzgeberischer Weisheit"[34], als „humane Legislation, weise, originelle, durch Erfahrung bewährte, milde, auf edle Grundlagen gebaute Gesetzgebung"[35]. In kaum mehr zu überbietender Überschwänglichkeit pries der anonyme Autor der französischen Übersetzung des Gesetzbuchs den Granduca und sein Werk als „l'ouvrage d'un grand prince, vraiment philosophe, digne par ses talens et par ses lumières d'occuper le premier trône de l'univers".[36]

Die leopoldinische Strafgesetzgebung stieß aber auch auf Widerspruch; ihr Verfasser[37] wurde des Verrats der Tradition und bewährter Rechtssicherheit

---

29 *Franco Venturi*, Illuministi italiani III, Napoli 1958, 217. Der (ältere) Marquis de Mirabeau nannte ihn „Salomon du Midi", vgl. *Vieri Becagli*, Il „Salomon du Midi" e l' "ami des hommes". Le riforme leopoldine in alcune lettere del Marchese di Mirabeau al Conte di Scheffer, in: Ricerche storiche, vol. VII (1977), 137 ss. (150).

30 *Piano Mortari*, Tentativi di codificazione nel Granducato di Toscana nel sec. XVIII, in: Rivista italiana per le scienze giuridiche VI, Milano 1952–1953, 364.

31 *Adriano Cavanna*, Storia del diritto moderno in Europa I, Milano 1982, 287.

32 *Christian Daniel Erhard*, Betrachtungen über Leopolds des Weisen Gesetzgebung in Toscana, Dresden u. Leipzig 1791; *Otto Fischl*, Der Einfluß der Aufklärungsphilosophie auf die Entwicklung des Strafrechts in Doktrin, Politik und Gesetzgebung und Vergleichung der damaligen Bewegung mit den heutigen Reformversuchen, 1913, 191.

33 *Carl Stooss*, Lehrbuch des österreichischen Strafrechts, 2. Aufl., 1913, 42.

34 *Franz v. Holtzendorff*, Handbuch des deutschen Strafrechts I, 1871, 206.

35 *Carl Joseph Anton Mittermaier*, Ueber den Zustand der Criminalrechtswissenschaft in Italien, in: Kritische Zeitschrift für Rechtswissenschaft und Gesetzgebung des Auslandes 5, 1833, 117 f., 481.

36 *Nouveau Code Criminelle* pour le Grand Duché de Toscane, Lausanne 1787, Préface (V). Noch *Emanuel Ullmann*, Über die Fortschritte in der Strafrechtspflege seit dem Ende des 18. Jahrhunderts, 1873, 6, zählt ihn – neben dem Preussen Friedrich II., dem Österreicher Joseph II. und der Zarin Katharina II. – zu den "Fürsten, deren Namen den großen Wendepunkt in der Geschichte der Civilisation in der zweiten Hälfte des vorigen Jahrhunderts bezeichnen". Vgl. auch *Heinrich Heine*, Zu "Die Stadt Lucca", Sämtliche Schriften, hg. v. Klaus Briegleb, Bd. 2, 1969, 637: "Der Großherzog der Toskana selbst ist einer der humansten und liberalsten Menschen, die es gibt".

37 Zu den negativen Seiten des Granduca aus der Sicht französischer Berichte vgl. *Eric W. Cochrane*, Le riforme leopoldine in Toscana nella corrispondenza degli inviati francesi (1766-1791), in: Rassegna storica del Risorgimento XLV, Roma 1958, 199 ss. (205 s.).

verdächtigt. Der Berner Professor der Staatswissenschaften *Karl Ludwig von Haller*, „Haupt des 'restaurativen' Denkens“[38], attestierte Pietro Leopoldo „Verblendung aus Gutmüthigkeit“, dem Gesetzbuch „Weichlichkeit der Zeit“ und „gegen den Missethäter“ atmende „Milde“[39].

Ungeachtet dessen überwog doch die häufig enthusiastische Bewunderung, die diesem Fürsten und der Realisierung seiner Vision von einem konstitutionell verfassten Staat mit garantierten Bürgerrechten sowie einer fortschrittlichen Gesetzgebung, Wirtschafts- und Sozialpolitik anfangs entgegengebracht wurde.

2. Die Entstehungsphasen

a) Der „Progetto“ des Granduca

Die „Riforma“ war nach rund 4 ½ Jahren gesetzesvorbereitender Arbeiten entstanden. In zwei, in den Materialien deutlich voneinander unterscheidbaren Phasen wurde die Schlussfassung fertig gestellt. 1782 hatte sich Pietro Leopoldo für eine Totalrevision des alten Strafrechts entschieden. Damit war die Beschränkung auf eine bloße Modernisierung des auf die Medici zurückgehenden, unübersichtlich gewordenen, barbarischen Kriminalrechts als Alternative gegenstandslos geworden. Schon ein Jahr später legte er einen persönlich verfassten Basisentwurf für ein neues Strafgesetzbuch vor. In dem „Progetto“ bezeichneten Text markierte der Granduca die Rahmen- und Eckdaten für einen neuen, völlig neu zu schaffenden Kodex und beschrieb dessen großen Regelungsrahmen.[40]

Der programmatische Urentwurf enthielt die tragende Begründung für die Notwendigkeiten einer Strafrechtsreform. Einem von *Gaetano Filangieri* erstmals vertretenen Leitprinzip folgend[41] legte Pietro Leopoldo ausführlich

---

38 *Michael Stolleis*, Geschichte des öffentlichen Rechts II, 1992, 144.

39 *Carl Ludwig. v. Haller*, Restauration der Staatswissenschaft oder Theorie des natürlich-geselligen Zustands, der Chimäre des künstlich-bürgerlichen entgegengesetzt, 2. Aufl., 1820, 216 f.

40 Die wohl ausführlichste Darstellung der Entstehung bei *Mario Da Passano*, Dalla „« mitigazione delle pene » alla « protezione che esige l'ordine pubblico ». Il diritto penale toscano dai Lorena ai Borbone (1786–1807), La « Leopoldina » 3, Milano 1988, und *Dario Zuliani*, La riforma penale di Pietro Leopoldo, vol. 1 e 2, La « Leopoldina » 2, Milano 1995.

41 *Ettore Dezza*, Note su accusa e inquisizione nella dottrina settecentesca, in: La „Leopoldina“ 10, Milano 1990, 210.

dar, warum bei jeder Neuordnung eines Rechtsgebiets die Reformierung des Verfahrensrechts unbedingte Priorität vor der Angleichung des materiellen Rechts haben musste. In 34 epigrammatisch formulierten „*Massime*" definierte er die Essentialia eines neu geordneten inquisitorischen Strafverfahrens. Rigoros forderte er eine uneingeschränkte Verfahrensöffentlichkeit. Zum übergeordneten Prozessziel erklärte er die inquisitorische Ermittlung des objektiven Tatgeschehens, der materiellen Wahrheit ohne Folter, und dies bei größtmöglicher Prozesskonzentration und Verfahrensbeschleunigung.

Insgesamt 70 „*Vedute*" genannte Grundentscheidungen zum Wesen, Sinn und Zweck der Strafe sowie zu ihrer Angemessenheit vervollständigten – bezogen auf die häufigsten Deliktstypen – die Grundordnung des Gesetzes.[42] Angesprochen wurden leitende Prinzipien, wie die Pflicht zur Bestrafung ohne Ansehen der Person, die Proportionalität der Sanktion nach subjektiven wie objektiven Tatumständen oder der zentrale Grundsatz der Legalität gemäß der Maxime „nulla poena sine lege". Im Einzelnen propagierte der Granduca die Abschaffung der verstümmelnden Strafen, das Verbot der Vermögenskonfiskation sowie die ersatzlose Beseitigung des im Tatbestand offenen, flutenden Majestätsverbrechens. Der Kirchenraub sollte dem schweren Diebstahl gleichgestellt, der vorsätzliche Mord[43] anstelle der Todesstrafe mit den lebzeitigen, öffentlichen Zwangsarbeitsstrafen[44] geahndet werden.

Mit einem tabellarischen Katalog der in der toskanischen Strafpraxis häufigsten Delikte – in alphabetischer Reihenfolge – schloss die Ordnung der Grundlinien des neuen Kriminalrechts. Eine in der Form des „Elenco" verfasste Übersicht enthielt eine Kurzbeschreibung der Tatbestandsmerkmale des jeweiligen Delikts verbunden mit dem Strafmass, das dem Grundsatz der Verhältnismäßigkeit folgte.[45]

Die Analyse der „Massime" und „Vedute" des Basisentwurfs von 1783 verrät hohe rechtstheoretische, rechtsphilosophische und kriminaldogmatische Kenntnisse ihres großherzoglichen Verfassers. Die hatte sich Pietro Leopoldo bereits als junger Erzherzog in Grundzügen angeeignet. Von seinem Lehrer, dem Wiener Naturrechtsprofessor *Karl Anton von Martini*, wurde er in den Grundlagen der Rechtswissenschaft, des Staats- und Völkerrechts sowie in den zeitgenössischen herrschenden Naturrechtslehren unterrichtet. Martini

42 Zu beiden *Zuliani* I, 99-119.

43 « omicidio premeditato ».

44 « pubblici lavori ».

45 *Zuliani* I, 120 ss.; *Schlosser*, Methodische Konzeption, 142.

bescheinigte seinem Schüler „avidità di sapere e profondità d'intendimento".[46] Der wiederum hielt seinen akademischen Lehrer – auch später noch als toskanischer Regent und zuletzt römisch-deutscher Kaiser – für einen „uomo bravo nelle materie legali – bravissimo nelle cose giurisdizionali".[47]

Während der Vorarbeiten zur Strafrechtsreform war Pietro Leopoldo deshalb mit den deutschen naturrechtsphilosophischen Lehren bestens vertraut. Er hatte die Hauptwerke vor allem von *Gottfried Wilhelm Leibniz*, *Samuel Pufendorf*, *Christian Thomasius*, *Samuel Cocceji* und *Christian Wolff* eingehend studiert und sie exzerpiert.[48]

Gleiches gilt für die französische programmatische und dogmatische Aufklärungsliteratur. Der Granduca kannte die Schriften von *Voltaire*, *Montesquieu*, *Jean-Jacques Rousseau*, *Anne Robert Jacques Turgot* oder *Jean-Pierre Brissot de Warville* ebenso wie die der Enzyklopädisten.[49]

Von den italienischen führenden Repräsentanten und Vorkämpfern des „illuminismo" hatte er – neben den Schriften der Professoren *Giovanni Gualberto De Soria* oder *Paolo Risi* von der Universität Pisa[50] – vorzugsweise *Cesare Beccaria* studiert. Das Schrifttum behauptet, der Granduca habe die in dem Hauptwerk „Dei delitti e delle pene" (1764) enthaltenen Postulate für die „Leopoldina" exzessiv als Vorbild benutzt und in den entsprechenden Vorschriften kanonisiert.[51] Neuere Forschungen haben diese lange Zeit unwidersprochen gebliebene toskanische Apotheose von Beccaria angezweifelt.[52] Sie bezogen sich dabei vor allem auf die Systemstruktur und Formulierungstechnik, welche für die „Leopoldina" gesetzgebungstheoretisch charakteristisch ist.

---

46 *Michael Hebeis*, Karl Anton von Martini, 1996, 35 Fn 44.

47 *Wandruszka I*, 94 Fn 18.

48 *Adam Wandruszka*, Die Persönlichkeit Kaiser Leopolds II., in HZ 192 (1961), 301 ff.; *Luciana Bellatalla*, Pietro Leopoldo di Toscana. Granduca Educatore. Teoria e pratica di un despota illuminato, Lucca 1984, 46.

49 *Furio Diaz*, „La Philosophie" e il reformismo leopoldino, in: Rassegna storica toscana XI, Firenze 1965, 193 ss. (209 ss.).

50 Zu den Genannten *Elena Gremigni*, Di alcune opere politiche pubblicate a Livorno nell'età di Pietro Leopoldo, in: Il pensiero politico 27, Firenze 1994, 415 ss.; *Zuliani* I, 70 ss. (72); zu den zeitgenössischen Pisaner Kriminalisten s. *Comanducci*, La scuola criminalista, 241 ss.

51 Vgl. z.B. *Enrico Pessina*, Il diritto penale in Italia, Milano 1906, 1 („Pietro Leopoldo – consecrò come leggi nella sua Riforma della legislazione criminale i voti di Beccaria"); *Eberhard Weis*, Cesare Beccaria, Mailänder Aufklärer und Anreger der Strafrechtsreformen in Europa, 1992, 27; und zuletzt noch *Zuliani* I, 15. s.

52 *Carlo Paterniti*, Note al codice criminale toscano del 1786, Padova 1985, 59 s.

Beide lassen eine besondere organische Orientierung der Gesetzgebung erkennen, für die Beccaria allein nicht als Vorlage gedient haben konnte. Während seine Ideen und Postulate zwischen Utopie und Reform „oszillieren“[53], geht die besondere Prägung des toskanischen Gesetzes eher auf Einflüsse zurück, für die *Gaetano Filangieri* (1752–1788) und *Francesco Mario Pagano* (1748–1799) als eigentliche Impulsgeber, wenn nicht gar als unmittelbare Vorlagen in Betracht kommen.

Gaetano Filangieri[54], „der Montesquieu Italiens“[55], hatte in seiner berühmten „Scienza della Legislazione“[56] auf die inneren Spannungen und Wechselwirkungen hingewiesen, die zwischen den politischen Strukturen und der Strafgesetzgebung bestanden und die ein Gesetzgeber ständig vor Augen haben musste. Bei Filangieri finden sich erstmals klare, exakte und grundsätzliche Ausführungen zum Inhaber und zum Umfang des „ius puniendi“ sowie zu der typischen, spezifischen Charakteristik der Strafzwecke im Geiste der Aufklärung.[57] Diese Grundgedanken spiegeln sich in verschiedenen Bestimmungen der „Leopoldina“ wieder.

Für die organische Konzeption der „Leopoldina“, die Konkretisierung der einzelnen Verbrechenselemente sowie für die eigenständige Art der Tatbestandsbeschreibung kommen die rechtstheoretischen Strafrechtslehren von *Mario Pagano* als Vorbilder in Betracht.[58] Nach einer ausschließlich auf das Strafrecht konzentrierten Anwaltstätigkeit (bis 1775) war Pagano seit 1785 Inhaber des Lehrstuhls für Kriminalrecht an der Universität Neapel. Seine in dieser Zeit verfassten zahlreichen kritischen Abrechnungen mit dem Strafrecht des Ancien Régime und seine reformatorisch-provokativen Schriften zur vernunftgeleiteten Wandlung des traditionellen Strafrechtsdenkens kursierten in

---

53 *Paterniti*, Note al codice criminale, 63: „l'opera di Beccaria, in vero, oscilla tra utopia e riforma“.

54 Zu ihm *Aldo Mazzacane*, in: M. Stolleis, Juristen, 2001, 212; *Laura Zavatta*, La pena tra espiare e redimere nella filosofia giuridica di Ugo Spirito, Napoli 2005, 44 n. 38.

55 *Fischl*, Einfluss der Aufklärungsphilosophie, 63.; *Pessina*, Diritto penale, 19.

56 1780-1785.

57 *Kurt Seelmann*, Gaetano Filangieri und die Proportionalität von Straftat und Strafe, in: Zeitschrift für die gesamte Strafrechtswissenschaft 97 (1985), 241 ff.; *Paolo Becchi*, Gaetano Filangieri und die neapolitanische Schule, in: Archiv für Rechts- und Sozialphilosophie 71 (1985), 199 ff.

58 *Sergio Moccia*, Die italienische Reformbewegung des 18. Jahrhunderts und das Problem des Strafrechts im Denken von Gaetano Filangieri und Mario Pagano, in: Goltdammer's Archiv für Strafrecht 1979, 201 ff. (213 ff.); *Zavatta*, La pena tra espiare e redimere, 48 n. 47.

ganz Italien und wurden von kritisch-progressiven Kriminalisten und Justizpraktikern intensiv diskutiert. Schon deshalb ist es schwer erklärbar, dass dieser kriminaltheoretisch wie -politisch richtungweisende Diskurs dem strafrechtsphilosophisch und -theoretisch ebenso wie dogmatisch interessierten und informierten Granduca unbekannt geblieben war.[59]

Die Ergebnisse seiner durch die zeitgenössische internationale Aufklärungsliteratur umfassend theoretisch abgesicherten Vorstudien ordnete Pietro Leopoldo in einer kunstvoll konstruierten Architektur von Grundregeln und integralen Strukturelementen an, die als Grundlagen seiner geplanten Strafrechtsreform dienen sollten. Ein bis dahin gesetzgebungstheoretisch unbekanntes Kontrollinstrumentarium für eine rationale, richtungweisende Gesetzesreform hielt der „Elenco" bereit. Er gab eine Vielzahl von Statistiken und Tabellen über die toskanische Strafjustiz der Jahre 1762 bis 1782 wieder.[60] Pietro Leopoldo hatte sie zur Vorbereitung der Reformen bei sämtlichen Spruchkörpern des Großherzogtums angefordert. Dieses empirische Material der vorreformatorischen Kriminalpraxis überwiegend aus der Zeit nach seinem Regierungsantritt (1765) und der rund 20 Jahre vor der „Riforma" beinhaltet eine vorzügliche Dokumentation der gesamten toskanischen strafrechtlichen Judikatur.[61] Erfasst waren sämtliche während des Erhebungszeitraumes begonnenen Strafprozesse, unterschieden nach Klageerhebung durch Privatpersonen oder den öffentlichen Ankläger. Registriert wurden jedes zur Anklage gekommene Verbrechen, die Zahl der Angeklagten und die Arten der Bestrafung sowie die konkrete rechtliche Verfahrensbeendigung. Das komplexe statistische Material sollte der „Riforma" und ihren kriminalpolitischen Wertungen die entscheidende rationale, empirisch gestützte Legitimation verleihen.[62]

b) Die Gutachten der Justizpraktiker

Mit dem „Progetto" endete 1783 die erste Phase der Gesetzgebungsarbeiten. Adressat des von Pietro Leopoldo erstellten „Basiskatalogs" war jedoch keine Kommission mit gesetzgebenden Befugnissen. Die Leitlinien für eine neue

---

59 Vgl. auch *Paterniti*, Note al codice criminale, 64 s.

60 *Zuliani* I, 82 ss.; *Da Passano*, Dalla „mitigazione", 14 s.

61 Deutsche Übersetzung der Tabellen bei *August Friedrich Wilhelm Crome*, Die Staatsverwaltung von Toskana unter Leopold II., Gotha 1795, 153 ff.

62 *Giorgia Alessi*, Questione giustizia e nuovi modelli processuali tra'700 e '800. Il caso Leopoldino, in: La „Leopoldina" 5, Milano 1989, 179 ss. (181 s.); *Mario Da Passano*, Le statistiche giudiziarie come strumento di politica penale: Il Granducato di Toscana, in: Materiali per una storia della cultura giuridica, XXV, Bologna 1995, 43 ss.

Kriminalrechtsordnung waren vielmehr für vier vom Granduca eigens ausgesuchte, hohe und höchste Verwaltungs- und Justizjuristen als Experten bestimmt. Sie alle standen auf dem Gipfel ihrer Karrieren und arbeiteten praktisch als Auditoren im Staatsrat oder als Gerichts- und Polizeipräsidenten.[63]

Neben dem Verwaltungsexperten *Antonio Maria Cercignani* aus Pisa[64] hatte Pietro Leopoldo einen kongenialen Mitarbeiter im Staatsrat *Giuliano Tosi* gefunden.[65] Der bereits 76-Jährige sollte die „Massime" und „Vedute" auf ihre dogmatische Stimmigkeit und praktische Relevanz begutachten. Wichtige Kontrollaufgaben übertrug der Granduca dem Staatsrat und vormaligen Präsidenten und Oberrichter am Höchstgericht, dem „Supremo Tribunale di Giustizia", *Antonio Caciotti Banchi* sowie dem Polizeipräsidenten von Florenz *Giuseppe Giusti.*[66] Beide hatten sich zu dem ihnen zugeleiteten „Progetto" ebenfalls eingehend kritisch-gutachtlich zu äußern.

Die Stellungnahmen (*„pareri"*) der Experten sind Zeugnisse ihres hohen praktischen Sachverstands. Die Argumentationen verraten aber auch anschaulich den jeweiligen politisch-ideologischen Standort ihrer Verfasser. Besonders deutlich zeigt sich dies bei *Cercignani.*[67] Gewandt zitierte und prüfte er nahezu alle bekannten europäischen Naturrechtler. Insgesamt offenbart er aber in seinem Gutachten den unverwechselbar pragmatisch denkenden Charakter eines im Ancien Régime aufgestiegenen Karrierebeamten, jedoch ohne eine tiefer gehende rechtstheoretische oder rechtsphilosophische Orientierung. Als solcher warnte er vor gefährlich ihm erscheinenden Novitäten, trat für die Bestrafung der Häresie ein, plädierte für die Beibehaltung der Todesstrafe sowie des alten geheimen inquisitorischen Verfahrens als in der Praxis bewährte Institution. Von seinem Standpunkt hielt er maßvolle Teilreformen des geltenden Rechts für erforderlich und durchaus zureichend.

Konträr dazu votierte der seiner Grundeinstellung nach als Traditionalist geltende *Tosi.*[68] Eindringlich mahnte er die Achtung der Menschenwürde an, auf die auch ein Verbrecher Anspruch haben sollte. Folgerichtig sprach er sich gegen die Todesstrafe und für die Schaffung besonderer, für straffällig gewordene Frauen vorgesehener Strafmittel aus. Im Sexualstrafrecht setzte er sich

---

63 Dazu i. E. *Zuliani* I, 129 ss.; *Da Passano*, 35 ss., 51 ss.

64 Zu ihm i. E. *Zuliani* I, 130 ss.

65 Vgl. i. E. *Zuliani* I, 176, 179 ss.

66 Näheres zu ihnen bei *Zuliani* I, 221 ss., 234 ss.

67 Vgl. *Zuliani* I, 130 ss., 144 ss.

68 Vgl. *Zuliani* I, 176 ss.

für den Schutz der nichtehelichen Mutter und ihres Kindes ein, der unbedingten Vorrang vor einer Bestrafung haben sollte.[69] Sein – aus der Sicht der Aufklärer überholtes – Eintreten für die Ermessens- als Verdachtsstrafe („pena straordinaria") für einen „reo nè confesso, nè convinto, ma indiziato"[70] legitimierte er als ein Gebot der Gerechtigkeit. Dazu stützte er sich auf die Bibel, das göttliche und römische Recht sowie auf Grundsätze der in ihrem Ansatz nach im 16. und 17. Jahrhundert allgemein herrschenden theokratischen Strafrechtsdoktrin. In seiner Stellungnahme berief er sich wiederholt ausdrücklich auf das bekannte, 1673 erschienene Werk „Il dottor volgare" des Juristen, Theologen und späteren römischen Kardinals *Giovann Battista De Luca* (1614–1683). Das 1673 erschienene, weit verbreitete Buch und sein Verfasser waren Repräsentanten einer neuen, „Giurisprudenza pratica" charakterisierten Richtung der Rechtswissenschaft.[71] De Luca galt weit über Italien hinaus als die führende Autorität des späten, dezidiert praxisorientierten Ius Commune.[72] Tosi zitierte und argumentierte aber auch mit *Benedict Carpzov* oder mit den führenden zeitgenössischen italienischen Kriminalisten *Giovanni Domenico Rinaldi* sowie *Paolo Zacchia*[73].

Die Gutachten des Gerichtspräsidenten *Caciotti Banchi* sowie des Polizeipräsidenten *Giusti* spiegeln deren praktische Erfahrungen anschaulich wieder. Konsequent forderten sie im Interesse der öffentlichen Ruhe und Ordnung im Gemeinwesen die Erweiterung und Institutionalisierung der Befugnisse des alten, bei der Bevölkerung verhassten Polizeiapparates des Ancien Régime, den Pietro Leopoldo eigentlich auf einen engeren, kompetenziell fest umgrenzten Zuständigkeitsbereich beschränkt wissen wollte[74]. Ebenso folgerichtig traten beide Gutachter unnachsichtig für eine harte Bestrafung jener Delikte ein, die in besonderer Weise die öffentliche Ordnung gefährdeten. Mit gleicher Begründung warnten sie vor der Einführung der uneingeschränkten Verfahrensöffentlichkeit, weil sie unabweisbar eine Bedrohung der „buon ordine" zur Folge haben würde.

---

69 Art. 98.

70 *Zuliani* I, 217, zum späteren Art. 110.

71 *Manlio Bellomo*, Società e diritto nell'Italia medievale e moderna, ed. sesta, Roma 2007, 332 s.; *Hans Schlosser*, Grundzüge der neueren Privatrechtsgeschichte, 10. Aufl., 2005, 83.

72 Vgl. *Aldo Mazzacane*, in: *M. Stolleis*, Juristen, 2001, 164 (165).

73 Zu ihnen vgl. *Schlosser*, Methodische Konzeption, 146.

74 Vgl. die späteren Art. 56, 61, 108, 109.

Alle Gutachten waren tendenziell und ihrem Grundtenor nach eher Produkte aus der Feder traditionalistischer Justizpraktiker, die sich bei Versuchen einer Gestaltung der Zukunft letztlich die Vergangenheit zum Modell erwählt hatten. Wirklich über das Gestern hinausgehend und wegweisend war dagegen der „Progetto" des Granduca. Pietro Leopoldo hatte mit seinen programmatischen Vorgaben die beamteten Bedenkenträger provoziert und verunsichert. Deren Voten führten dem fürstlichen Legislator aber auch schonungslos die Realitäten des toskanischen Strafjustizalltags vor Augen. Kraft ihres Sachverstands und dank ihrer Erfahrung hatten die Praktiker ungeschminkt offen gelegt, in welchen Bereichen die auf dem Schreibtisch entworfene, als ideal erkannte Kriminalrechtsordnung Effizienz erwarten ließ oder als schlicht philanthropisches Versatzstück mit der totalen Zurückweisung durch die Gerichtspraxis rechnen musste. Beispielhaft befanden sie die im „Progetto" geforderte Bindung der Verhaftung des Beschuldigten an enge Voraussetzungen für übertrieben oder die milde Bestrafung bei den Religions- und Sexualdelikten für kriminalpolitisch verfehlt und zudem der öffentlichen Moral abträglich. Bei der heftig umstrittenen Todesstrafe stützten sie deren Notwendigkeit und Legitimität ungerührt weiterhin auf die „dura legge giudaica" der Bibel. Für den Fall der Abschaffung der Lebensstrafe prophezeiten sie mahnend eine überhand nehmende Unverschämtheit der Verbrecher sowie eine unerträglich werdende Zunahme der schwersten Delikte als unvermeidbare, durch die Obrigkeit nur schwer beherrschbare Folgen.[75]

c) Die Schlussredaktion

Nach Vorliegen aller *„pareri"* entschied Pietro Leopoldo im Oktober des Jahres 1785, Staatsrat *Tosi* sollte aus den Äußerungen einen neuen Gesetzesentwurf erstellen.[76] Tosi tat es kritisch und mit dem ihm eigenen Präzisionsfanatismus. Das Gesamtergebnis der Schlussredaktion, die eine Verbindung der Empirie mit der aufgeklärten Theorie versucht hatte, lag im Juli 1786 als dritter und letzter Entwurf vor. Nach einigen notwendig gewordenen formalen Korrekturen und inhaltlichen Harmonisierungen konnte Pietro Leopoldo am 30. November 1786 die *„Riforma della legislazione criminale"* in Pisa unterzeichnen und offiziell in Kraft setzen.

Bereits nach weiteren zwei Wochen kamen die ersten Druckausgaben – in 500 Exemplaren im Großformat und in 200 in Buchform – zur Auslieferung. Die

---

75 Vgl. *Zuliani* I, 229 ss. (231).

76 Zum weiteren Verfahrensablauf vgl. *Zuliani* I, 257 ss., 271 ss., 359 ss., 449 ss., 455 ss.

weit verbreitete, meinungsbildende „Gazzetta Toscana“ feierte das Werk und pries seinen Schöpfer mit dem enthusiastischen Ausruf: „An diesem neuen Gesetz zeigt sich, welche Fortschritte die Philosophie in unserem Jahrhundert gemacht und welche Empfindungen der wohltätige Gesetzgeber durch die Humanität geweckt hat“.[77]

3. Weiteres Schicksal und Nachleben des Gesetzes

Die „Leopoldina“ galt – in ihrer ursprünglichen Fassung zwar schon bald nicht unerheblich modifiziert[78], aber in ihrer progressiven Substanz im Wesentlichen unverändert – nur vier Jahre.[79] Die Nachfolger des Granduca, der 1790 zum römisch-deutschen Kaiser gewählt worden war und die Toskana verließ, haben den Kriminalkodex bis zur Unkenntlichkeit „reformierend“ umgestaltet. *Ferdinand III.* (1769–1824) besaß weder das Profil seines Vaters, noch hatte er den Willen, dessen Reformen konsequent fortzuführen. Er hatte unter dem Druck landesweit – in Florenz, Pistoia, Prato – ausgebrochener Unruhen und Volksaufstände erste gravierende Eingriffe in das Gesetz angeordnet.[80] Der einst abgeschaffte offene Tatbestand des alten Majestätsverbrechens wurde ebenso wie die Todesstrafe[81] wieder eingeführt, letztere allerdings den Rädelsführern der Unruhen angedroht, an ihnen jedoch nicht vollstreckt.[82] Zu weiteren Anpassungen kam es während der französischen Besetzung der Toskana (1796–99).[83] Nach der Annexion des Landes durch Frankreich (1807/08–14) wurde die „Leopoldina“ durch die napoleonische Strafgesetzgebung weitgehend ersetzt und trat erst wieder nach der Rückkehr Ferdinands III. im Jahre

---

77 Originalzitat bei *Zuliani* I, 456 n. 4.

78 Zu den Einzelheiten vgl. *Da Passano*, Dalla « mitigazone delle pene », 105 n. 2, 106 ss.; *Zuliani* I, 476 ss.

79 « breve la vita felice della ‘Leopoldina’», so die (Hemingway übernehmende) Paraphrase bei *Da Passano*, 105.

80 *Da Passano*, 123 ss.; *Carlo Mangio*, La polizia toscana. Organizzazione e criteri d’intervento (1765–1808), in: La « Leopoldina » 6, Milano 1988, 110 ss., 177 ss.; *Comanducci*, La scuola criminale, 290 ss.

81 Dazu i. E. vgl. *Mario Da Passano*, La pena di morte nel Granducato di Toscana (1786–1860), in: Materiali per una storia della cultura giuridica XXVI, Bologna 1996, 39 ss.

82 Vgl. *Zobi*, Storia civile della Toscana, 537 ss.; *Zuliani*, I, 479 n. 24.

83 Eingehend dazu *Mario Da Passano*, Emendare o intimidire? La codificazione del diritto penale in Francia e in Italia durante la rivoluzione e l’impero, Torino 2000, 195 ss.

1814 in Kraft.[84] Ihre endgültige Ablösung erfolgte 1853 durch den „Codice penale pel Gran Ducato di Toscana".[85]

II. Das Profil des Gesetzes

1. Aufbau und Systematik

System und Aufbau der „Leopoldina" brechen mit dem Typus der Strafgesetze des Ancien Régime. Dies zeigt sich vornehmlich im strafprozessualen Teil der „Riforma". Sie wurde primär als ein – nach zeitgenössischem Verständnis – modernes Verfahrensgesetz konzipiert, in das – dem dynamischen Prozessgang folgend – das materielle Strafrecht inkorporiert ist. Das Gesetz besteht aus drei zentralen Regelungsblöcken, die voneinander substanziell deutlich getrennt sind.

Der *erste*, den Strafprozess einleitende, „inquisitorische" *Teil*[86] beginnt mit Vorschriften zur Strafklage. Das Gesetz erlaubt nur zwei Formen: die Klage der verletzten Partei und die des öffentlichen Anklägers („querelante pubblico"). In beiden Fällen hat die anschließende Aufklärung des Sachverhalts durch einen „minstro processante" und „ex officio" zu erfolgen. Davon ausgenommen sind lediglich Bagatell- oder Privatklagesachen. Sie bringt der Verletzte zur Anklage. Das Verfahren selbst steht weitgehend unter der Herrschaft der Dispositionsmaxime eines Zivilprozesses.

Daran anschließend regelt das Gesetz Rechtshandlungen, die der Vorbereitung des eigentlichen Beweisverfahrens dienen. Auf Vorschriften zu den Haft- und Vorführungsbefehlen folgen Regelungen zur Prozessbeschleunigung und zum Vorbringen von Einreden gegen die Unzuständigkeit des angegangenen Gerichts. Eingehend festgelegt werden die Voraussetzungen der Säumnis („Kontumaz") und ihre Rechtsfolgen. Der erste Teil schließt mit nur bedingt sachlich streng miteinander verbundenen Anordnungen zur Unzulässigkeit der Vermögenskonfiskation, zur Entschädigung bei Justizirrtümern, zur Pflichtverteidi-

84 *Da Passano*, Dalla « mitigazione delle pene », 155 ss.

85 *Mario Da Passano*, La storia esterna del codice penale toscano (1814–1859), in: Pubblicazioni degli archivi di stato, Saggi 31, Roma 1994, 564 ss.; *Da Passano*, I tentativi di codificazione penale nel Granducato di Toscana, in: Materiali per una storia della cultura giuridica, XXVI, Bologna 1996, 319 ss.

86 Art. 1–50.

gung, zu den Verboten der Ablösung der verwirkten Strafen durch Geld sowie zur Unzulässigkeit geheimer oder fiskalischer Rechtsakte im ordentlichen Strafprozess.

Der *zweite*, dem materiellrechtlichen Strafrecht vorbehaltene *Teil*[87] ist nur nach modernem Verständnis unvollständig und einem Torso ähnlich. Tatsächlich ist er das Ergebnis einer rationalen Gliederungssystematik, die streng dem realen Verfahrensablauf folgt.

An erster Stelle stehen die Religionsdelikte. Es folgen die sog. Staatsverbrechen mit ausdrücklicher, programmatischer Ächtung des Majestätsverbrechens sowie die Delikte gegen das Leben und die körperliche Unversehrtheit, Vermögensdelikte, gemeingefährliche Straftaten (Brandstiftung), Fälschungsdelikte und Delikte gegen die sexuelle Selbstbestimmung.

Die zweite Normengruppe ergänzt in gewisser Weise das materielle Strafrecht. Dieses endet mit den Rechtsfolgen bei Gefängnisausbruch und Gefangenenbefreiung von Inhaftierten sowie mit Übertretungen polizeirechtlicher Rechtsnatur. Ihnen werden verbotene Handelsgeschäfte[88], Verstöße gegen staatliche Monopole (Schmuggel von Salz und Tabak) sowie Straftaten gegen die öffentliche Ordnung, wie etwa Störungshandlungen bei Begräbnissen, Hochzeiten, Spielen, Besuchen von Gasthäusern oder Weinschänken zugeordnet.

Der *dritte*, den Strafprozess ergänzende und beendende *Schlussteil*[89] enthält Vorschriften über die außerordentliche Strafe als „absolutio ab instantia“ oder „Verdachtsstrafe“, über die staatliche Entschädigungspflicht wegen unrechtmäßiger Strafverfolgung, über die Unverzichtbarkeit auf Strafe und über das fürstliche Supplikenrecht. Einbezogen werden Verjährungsvorschriften, deren Regelungsort nach moderner Systematik der Allgemeine Teil ist. Es fehlen jedoch grundsätzliche Vorschriften zur förmlichen Prozessbeendigung durch Urteil.

Angesichts der relativen Knappheit, Kürze und selektiven Regelungen des aus 119 Artikeln bestehenden Gesetzes wurde vielfach seine praktische Handhabung und Wirkung angezweifelt. Dabei werden jedoch zwei zentrale Bestim-

---

87 Art. 51–109.

88 « reati contravvenzionali – reati commerciali », dazu zählte der « scrocchio » als verdeckter Wucher. Dazu i. E. vgl. *Alberto Sciumè*, Gli illeciti commerciali nella legislazione criminale del 30 novembre 1786, in: La „Leopoldina“ 5, Milano 1989, 120 ss.

89 Art. 110–119.

mungen der „Leopoldina“ übersehen, die eindrucksvoll die hoch stehende Gesetzgebungstechnik der Redaktoren unter Beweis stellen.

Der begrenzte, ausdrücklich positivrechtlich geregelte Geltungs- und Anwendungsbereichbereich des Gesetzes wurde mit einem technischen Kunstgriff entscheidend erweitert. Art. 118 erklärte alle alten, der Gesetzesreform vorausgegangenen toskanischen Strafgesetze, Edikte, Mandate und Verordnungen zu neben der „Leopoldina“ fortgeltendem, nicht aufgehobenem Recht. Damit war die sog. „Heterointegration“[90] des Altrechts erlaubt.

Der Richter wurde auf diesem Wege ermächtigt, in den von der „Leopoldina“ entweder bewusst übergangenen oder unbewusst vergessenen Fällen[91] auf dieses residual fortgeltende Strafrecht zurückzugreifen und es heterointegrativ im konkreten Fall zur Anwendung zu bringen. Art. 118 gab jedoch keine Pauschalerlaubnis. Voraussetzung der gesetzesförmigen Heterointegration und Anwendung war, dass der Richter die in Betracht kommende Strafrechtsnorm vorher „im Geiste der gegenwärtigen Reform“[92] interpretiert und mit den Vorschriften der „Leopoldina“ als kompatibel befunden hatte.[93]

Nur nach modernem Verständnis mag diese Art einer heterointegrativen Anwendung und Interpretation von Strafrechtsnormen „im Geiste der Gesetzgebung“ gegen den elementaren Grundsatz der Bestimmtheit der Strafgesetze verstoßen. Aus der Sicht des zeitgenössischen, aufgeklärten fürstlichen Gesetzgebers ließ sich die systembedingt und vielleicht sogar gewollt enge Reichweite des reformierten Strafrechts nur auf diesem Wege entscheidend und praxisgerecht erweitern. Diese Lösung hatte einen entscheidenden Vorteil. Der Fall des Schweigens des Gesetzes, der stets jeden Richter mit unlösbaren Rechtsfragen konfrontiert hatte, war damit weitgehend gegenstandslos geworden. Für eine permanent verfügbare, authentische Interpretation des Gesetzgebers in Form eines „référé législatif“ war kein Raum.

Eine entscheidende Grenzziehung erfuhr die Heterointegration durch Art. 48. Rückgriffe auf fortgeltendes altes Recht und dessen Auslegung im Sinne der leopoldinischen „Riforma“ nach Art. 118 waren positivrechtlich nur für das

---

90 *Tarello*, Storia, 548 ss.; *Roberto Guerrini*, I delitti di sangue nel sistema della Leopoldina, in: La „Leopoldina“ 5, Milano 1989, 43 ss.

91 « nei casi in questa legge omessi ».

92 « secondo lo spirito della presente riforma ».

93 „e compatibilmente coll'espresse disposizioni in essa contenute“; dazu s. auch *Tullio Padovani*, Lettura della Leopoldina. Un'analisi strutturale, in: La „Leopoldina“ 5, Milano 1989, 18.

materielle Strafrecht für zulässig erklärt worden. Das gesamte reformierte Strafverfahrensrecht mit den vom Gesetzgeber festgelegten, beherrschenden Maximen war der Heterointegration alter prozessualer Vorschriften entzogen.[94] Durch Art. 48 wurde der Richter verpflichtet, die durch die „Leopoldina" abschließend geregelte Prozessführung strikt zu beachten.[95] In keinem Falle durfte er von ihnen anweichen. Damit hatte der Gesetzgeber die Gesetzmäßigkeit und Justizförmigkeit des Strafprozesses unabänderlich festgeschrieben.

2. *Reformierter Inquisitionsprozess*

Stereotyp rühmt das Schrifttum die „Leopoldina" als europäisches Reformgesetz, das als erstes förmlich die Todesstrafe und die Folter abgeschafft hatte.[96] Mit diesem, den wahren Gehalt nur lapidar, vordergründig und undifferenziert charakterisierenden Signalement wird ihre Bedeutung und Wirkung auf das zeitgenössische Strafrechtsdenken jedoch erheblich verkürzt wiedergegeben.

Eigentlich bahnbrechend war die toskanische Strafgesetzgebung als Verfahrensgesetz. Zwar lag ihr als Grundgerüst weiterhin der Inquisitionsprozess des Ancien Régime zugrunde. Wirklich progressiv-reformatorisch und in die Zukunft weisend waren jedoch die Eingriffe und Einschnitte, die der Gesetzgeber strukturell an der inneren Verfugung des Prozessganges vorgenommen hatte.

Pietro Leopoldo wollte schon in einem seiner ersten Reformentwürfe die vollständige Öffentlichkeit des Prozesses.[97] Seine Berater haben ihn in ihrer Eigenschaft als erfahrene Justizpraktiker vor den rechtspolitisch negativen Folgen gewarnt. Nach längerem Zögern ließ er sich von den Vorbehalten überzeugen und schlug vermittelnd eine graduell die Öffentlichkeit herstellende Transformation des alten geheimen Prozesses vor. Das Ergebnis war ein Verfahren, das zwar nicht rigoros mit den alten Mechanismen brach, die auf eine totale Rechtlosigkeit des Beschuldigten abzielten, das jedoch an zentralen Stellen vor allem elementare Verteidigungsrechte und eine weit gehende Prozessöffentlichkeit zu seinem Schutz eingeführt hatte.

---

94 Gleiches galt für das gemeine Recht (« diritto comune »), das nur in Art. 3 (« ragion comune ») und Art. 114 (« gius comune ») Erwähnung findet. Vgl. dazu auch *Padovani*, 24 ss. (26) und *Zuliani* I, 543, 548 s .

95 « essattamente osservarsi ».

96 Z.B. *Karl Kroeschell*, Deutsche Rechtsgeschichte, Bd. 3, 5. Aufl., 2008, 92, oder *Thomas Vormbaum*, Einführung in die moderne Strafrechtsgeschichte, 2009, 36.

Der reformierte leopoldinische Strafprozess durchlief drei Phasen.[98] Die erste, nicht öffentliche begann mit der Einleitung des Verfahrens auf der Grundlage der Klage des Verletzten oder des öffentlichen Anklägers.[99] Die anschließende amtliche Registrierung dieser Rechtsakte am Gerichtsort diente der Beweissicherung; sie war Ersatz des alten Kalumnieneides. Bei falscher Anschuldigung sollte sie eine eventuelle zivilrechtliche Inanspruchnahme des privaten Anklägers ermöglichen. Danach begann ein mit dem Richter („giudice") nicht in Personalunion stehender Ermittlungsbeamter („ministro processante") mit der Untersuchung der gegen den Inquisiten erhobenen Vorwürfe.[100] Er leitete unparteiisch das Beweisverfahren und verfuhr dabei „ex officio". Bei schweren Verbrechen und Fluchtgefahr erließ er einen Arrestbefehl. In normalen Fällen wurde der Inquisit förmlich zum Erscheinen vor Gericht zitiert. Den Erschienenen befragte der Untersuchungsbeamte summarisch zum angeblichen Tatgeschehen. Lag ein Haftgrund vor, hatte der Inquisit Sicherheit in Geld zu leisten, bei schweren Delikten einen Bürgen zu stellen. Daraufhin wurden – in Abwesenheit des Inquisiten – die ebenfalls förmlich vorgeladenen Zeugen nach eingehender Belehrung[101] grundsätzlich uneidlich einvernommen und ihre Aussagen protokolliert. Auch dem Inquisiten waren der Kalumnieneid und die mögliche (selbstreinigende) Eidesleistung in eigener Sache des alten Prozesses strikt untersagt.

Das Ergebnis der Erhebungen übergab der „ministro processante" dem „giudice" in der Rechtsform einer Kriminalakte. Der Richter, der die Beachtung der Prozessförmlichkeiten überwachte, gab daraufhin dem Inquisiten oder seinem Anwalt den Inhalt bekannt, ließ auf Wunsch Abschriften aus den Akten anfertigen und setzte den ersten Termin zur Anhörung und Verteidigung des Inquisiten fest. Der hatte fortan volle Kenntnis von allen in seiner Abwesenheit gesammelten, ihn belastenden Fakten und Beweismittel.[102]

97 „a usci aperti – processo aperto", s. dazu *Salvestrini*, Relazioni, 136: „che in avvenire i processi dei rei, testimoni, etc., si facciano a usci aperti, perché qualunque persona vi possa intervenire e sentirli"; *Alessi*, Questione, 159 ss.

98 Knappe Übersichten bei *Padovani*, Lettura, 12 ss.; *Mario Da Passano*, „Leopoldina". Il progetto del Granduca, in: Materiali per una storia della cultura giuridica XV, Bologna 1985, 306 ss.

99 Art. 1 – 14.

100 *Floriana Colao,* La giustizia criminale senese nell'età delle riforme leopoldine, in: La « Leopoldina » 7, Milano 1989, 170.

101 Vgl. Art. 10, 12.

102 *Colao*, 167 ss.

Nach diesem von der italienischen Prozessrechtsdoktrin allgemein als „processo informativo“ bezeichneten ersten Teil begann die Spezialinquisition, die zweite Phase des nunmehr öffentlich durchgeführten, konsequent durchgehend schriftlichen Verfahrens.[103] Der Angeklagte hatte unmittelbar mit der Bekanntgabe des Akteninhalts das Recht auf Gehör erworben. Er durfte Einreden gegen die Zuständigkeit des angegangenen Gerichts erheben oder gegen den Tatvorwurf Rechtfertigungsgründe[104] vortragen. Da er die Zeugen und deren Einlassungen kannte, konnte er sie selbst oder durch seinen Anwalt mit ihren Aussagen konfrontieren, Teile dieser Aussagen wiederholen lassen, auf Ungereimtheiten aufmerksam machen, konkrete Einwendungen gegen deren Äußerungen vorbringen, einzelne Zeugen der Anklage ablehnen oder neue Zeugen der Verteidigung benennen. Darin unterschied sich der leopoldinische Inquisitionsprozess deutlich von seinem geheimen Vorgänger. Dort wurde der Angeklagte zu seiner Verteidigung zugelassen, ohne die vorher im „processo chiuso“ gegen ihn gesammelten Tatsachen und Beweise zu kennen.

War der Angeklagte dem Vorladungsbefehl nicht nachgekommen und säumig geblieben, regelten eingehende Vorschriften die Rechtsfolgen seiner Kontumaz. Bei unentschuldigtem Fernbleiben konnte der Richter die einer Beschlagnahme gleichende Inventarisierung des Vermögens des Säumigen anordnen, um es für einen möglichen späteren zivilrechtlichen Zugriff zu sichern, damit auf diesem Wege mit Erfolg Schadensersatzansprüche vor dem Zivilgericht realisiert werden konnten. Der Prozess selbst wurde gegen den Abwesenden, dem das Gericht von Amts wegen einen Pflichtverteidiger beizuordnen hatte, fortgesetzt.

In der dritten Schlussphase des öffentlichen Verfahrens hatte der Richter das Urteil zu verkünden.[105] Nach der „Leopoldina“ musste jedes Verfahren mit einem förmlichen Urteil geschlossen werden. „Atti camerali“ oder außerprozessuale Ablösungen der Strafe durch Geldzahlungen waren strengstens untersagt. Jedes auf Verurteilung tenorierende Urteil musste einen Ausspruch zu den Schäden, Kosten und zu dem zivilrechtlichen Interesse der verletzten Partei enthalten. Sie hatte der Richter in ihrer Höhe festzustellen, gegebenenfalls auch zu schätzen. Für die Geltendmachung der Schadensersatzansprüche selbst

---

103 Art. 23–50.

104 Z.B. Notwehr, vgl. Art. 68 – „col moderame della incolpata tutela“ als maßvolle Abwehr eines objektiv rechtswidrigen Angriffs. Zur Lehre vom „moderamen inculpatae tutelae“ der italienischen Kriminalisten vgl. *Georg Dahm*, Das Strafrecht Italiens im ausgehenden Mittelalter, 1931, 125 ff.

105 Art. 48, 49, 112.

war das ordentliche Zivilgericht zuständig. Mit einer einfachen, aber praktischen Verweisungstechnik sicherte die „Leopoldina“ dem Geschädigten die Geltendmachung seiner vermögensrechtlichen Ansprüche im Zivilrechtsweg.[106]

Die Überprüfung der erstinstanziellen Urteile erfolgte durch den „Supremo Tribunale di Giustizia“ in Florenz als Höchstgericht für den gesamten Granducato.[107] Das aus dem Präsidenten, einem Auditor und zwei Richtern oder Assessoren bestehende Kollegialgericht entschied mehrheitlich. Bei fehlender Majorität musste die Sache der „Consulta di Stato“, der obersten Justizstelle des Landes übergeben werden.[108]

3. Polizeistrafrecht

Nach der von der „Leopoldina“ eingeführten Verbrechenstypologie standen unterhalb der „delitti“ die sog. „contravvenzioni“ im Sinne von polizeirechtlich relevanten Übertretungen oder als leichte bis mittelschwere Zuwiderhandlungen gegen die öffentliche Ordnung. Zuständig zu ihrer Verfolgung und Aburteilung waren besondere Organe der Polizei.[109] Zu den „ministri incaricati della Polizia“ zählten vier – für die (vier) Stadtviertel zuständigen – Kommissare der Stadt Florenz, ferner die „Vikare“ genannten Beamten der Gerichte der Städte Pisa und Siena, sowie die Vikare sämtlicher provinzialen Kriminalgerichte des Granducato.[110] Der „Presidente del Buon Governo“ war für sämtliche Polizeiangelegenheiten im Granducato zuständig. Ihm unterstanden alle „esecutori criminali – di giustizia“, die „casa di correzione“ sowie die Gefängnisanstalten. Er war der Dienstvorgesetzte für die „giusdicenti provinciali“[111]

---

106 Art. 86, 87, 112, 113, 115.

107 *Joachim Zimmermann*, Das Verfassungsprojekt des Großherzogs Peter Leopold von Toscana, 1901, 22 f.; *Flore*, Appunti sugli ordinamenti giudiziari toscani, 357 ss. (359 s.).

108 Näher dazu *Wandruszka* I, 178. Die „Consulta“ wurde 1788 abgeschafft, zu den Gründen vgl. *Di Simone*, Istituzioni e fonti normative in Italia, 66.

109 Grundsätzlich Art. 56.

110 Eingehend dazu vgl. *Giovanni Carmignani*, Historisch juristische Darstellung der Criminalprozessgesetzgebung Peter Leopolds II., Großherzogs von Toscana, in: Kritische Zeitschrift für Rechtswissenschaft und Gesetzgebung des Auslandes, Bd. 1, Heidelberg 1829, 368 ss. (373); *Mangio*, La polizia toscana, 18 ss.

111 Nach *Wandruzska* I, 315 « Polizeifunktionäre ».

im „Stato Fiorentino“,[112] für den „Auditor fiscale di Siena“ sowie den „Commissario di Grosseto“.[113]

Zentrale Aufgaben der Polizei waren die Sicherung des materiellen und geistigen Wohles der Untertanen sowie präventive Maßnahmen.[114] Zur Durchführung dieser Ziele besaßen die Polizeikräfte als „polizia punitiva“ Strafbefugnisse, die sog. „potestà economica“. Sie durften im Wege einer „procedura economica“ in der Regel Kleinkriminelle aburteilen. Das Verfahren war seinem Wesen nach ein neben dem ordentlichen alternatives, verkürztes, auf Förmlichkeiten, wie Schriftlichkeit der Anklage oder Verteidigung des Angeklagten, verzichtendes Schnellverfahren. Die „ministri della Polizia“ konnten kraft ihrer „potestà economica“ gegen die Täter in einem summarischen, geheimen Verfahren vorgehen und neben Geldstrafen, dem Exil, der Zwangsverweisung, der Einweisung in eine Besserungsanstalt, auch kurzfristige Gefängnisstrafen und leichtere Körperstrafen (nichtöffentliche Züchtigung mit Ruten) verhängen.[115]

Zu Polizeistrafsachen hatte die „Leopoldina“ ausdrücklich die Gotteslästerung und den Schmuggel erklärt.[116] Zusätzlich durften Polizeiorgane ruhestörende Handlungen verfolgen und strafen, die bei Hochzeiten, Spielen, Begräbnissen, Gasthausbesuchen und bei Übertretungen der Sperrstunden erfahrungsgemäß entstanden.[117]

Trotz des vereinfachten Verfahrens war der Angeklagte jedoch nicht völlig seiner Schutzrechte beraubt. Er hatte ein Recht auf rechtliches Gehör, musste vor der Bestrafung umfassend angehört werden.[118] Auch war er berechtigt, vor der Verurteilung einen Rekurs an den Fürsten zu beantragen.[119] Die Folge war, dass sein Fall in einem formalen, ordentlichen Strafprozess durch einen „mini-

---

112 Der Granducato bestand aus zwei politischen Einheiten: « Stato Fiorentino » (Gebiet um Florenz) sowie « Stato die Siena », letztere unterteilt in « Provincia Superiore » (Siena) und « Provincia Inferiore » (Grosseto, Maremma).

113 Zu den Befugnissen dieser Amtspersonen i. E. vgl. Art. 4, 37, 46, 49, 56, 63, 81, 109, 111, und Näheres bei *Mangio* 59 ss.; nur der „Governatore di Livorno“ (Art. 49) besaß keine Jurisdiktionsgewalt, s. *Mangio*, 63.

114 *Giorgia Alessi*, Il processo penale. Profilo storico, Roma-Bari 2001, 133 ss.; *Mangio*, 10 ss.

115 Art. 56; *Mangio*, 17 s.

116 Art. 61, 108.

117 Art. 109.

118 Art. 48.

119 Art. 56.

stro processante" untersucht und durch einen „giudice" entschieden wurde. Allerdings nahm er in diesem Falle das Risiko in Kauf, anstelle der angedrohten „economicamente punizione" höher bestraft zu werden. Entgegen der Praxis des Ancien Régime konnte der Angeklagte in diesem Schnellverfahren auf prozessrechtliche Garantien zurückgreifen.

Pietro Leopoldo war es mit der festen Grenzziehung zwischen Straf- und Polizeigerichtsbarkeit gelungen, alte Missstände und Missbräuche bei den polizeilichen Exekutivkräften zu beseitigen.[120] Die „esecutori di giustizia"[121], nach altem Polizeirecht die bei der Bevölkerung verhaßten „sbirri"[122], galten in der öffentlichen Meinung als unehrliche, infamierte Berufe. Pietro Leopoldo verbesserte ihr pariaförmiges Ansehen und festigte ihre Autorität in der Öffentlichkeit. Zum einen stellte er sie in der „Leopoldina" den Bürgern gleich, indem er ausdrücklich ihre vollen bürgerlichen, zivilen und öffentlichen Rechte bestätigte und jede Gleichstellung mit Unehrlichen verbot.[123] Gleichzeitig verpflichtete er die „esecutori" zur rechtlich korrekten Amtsausübung und drohte strenge Strafen für den Fall an, dass sie präsumtive Täter bei der Verfolgung oder Festnahme verletzten oder töteten.[124] Aber auch diejenigen, die Widerstand leisteten und die „esecutori" bei ihren Amtshandlungen behinderten, mussten mit schweren Strafen rechnen; in schweren Fällen wurden sie zu öffentlichen Zwangsarbeiten verurteilt.[125]

Pietro Leopoldo war es gelungen, zumindest vorübergehend die Organisation der Polizei nach elementar rechtsstaatlichen Maßstäben und Kriterien in die Grundordnung des Großherzogtums einzubinden. Die Folgezeit war gekennzeichnet von wachsenden Kompetenzen der „potestà economica" sowie der „pene economiche", und dies ohne nennenswerte Konflikte mit der ordentlichen „potestà giudiziaria".[126]

---

120 Eingehend dazu *Mangio*, La polizia toscana, 67 ss.; *Alessi*, Processo penale, 133 ss.; *Giorgio La Rosa*, Il sigillo delle riforme. La 'Costituzione' di Pietro Leopoldo di Toscana, Milano 1997, 147 ss.

121 *Mangio*, 16, 220 s; *Alessi*, Processo penale, 135 s.; *Zuliani* I, 476.

122 Von *Wandruszka* I, 312, untechnisch „Polizeiknechte" bezeichnet.

123 Art. 57.

124 Art. 69.

125 Art. 70.

126 *Mangio*, La polizia toscana, 98 ss.

4. Strafzwecke und Strafmittel

Den Prozess selbst beherrschten unterschiedliche, die Legalität des Verfahrens sichernde Maximen. An erster Stelle stand bei dem Nachweis der individuellen Schuld[127] das Prinzip der objektiven, materiellen Wahrheitsfindung.[128] Es war das erklärte Gegenmodell zur bloß wahrscheinlichen Tatschuld des Angeklagten, die nach dem alten Prozessverständnis zur Überführung und Verurteilung ausreichte. Sie wurde im Einzelfall auf der Basis der ihn belastenden Indizien festgestellt und war einst Voraussetzung für die Anwendung der Folter.[129] Gleichgewichtig daneben und ergänzend dazu hatte die „Leopoldina" zum Schutz des Angeklagten die Prozessbeschleunigung[130] zum Leitgrundsatz erhoben.

Innerhalb des Arsenals der überkommenen Strafmittel veränderte die „Leopoldina" Grundlegendes.[131] Der absoluten Ächtung verfielen neben der Todesstrafe[132] sämtliche brutalen, verstümmelnden, den Täter durch Brandmarkung zeichnenden Strafen.[133] An ihre Stelle traten als schwerste Sanktionen die öffentlichen Arbeitsstrafen.[134] Sie waren einer Begnadigung ausdrücklich nicht zugänglich, nach drei Schweregraden gestuft und in diesen Qualifikationen männlichen Straftätern vorbehalten. Als bevorzugte Vollzugsorte dienten die mörderischen Steinsalzminen von Volterra, die durch Strafgefangene ausge-

---

127 Art. 57.

128 Art. 27: « in tutti i delitti cercar la verità – trovar la verità in un caso », Art. 32: « di fare costare della verità del fatto ».

129 Abschaffung durch Proemio und Art. 33; s. dazu auch oben Fn. 20.

130 Art. 32: « la massima possibile sollecitudine ».

131 Ausführlich dazu vgl. *Bianca Maria Cecchini*, Il reato e la condanna nel sistema della Leopoldina, in: La « Leopoldina » 12, Milano 1991, 259 ss.; ferner *Hans Schlosser*, Das Strafensystem der « Riforma della legislazione criminale toscana » von 1786, in: Nozione, formazione e interpretazione del diritto, Ricerche dedicate al Prof. Filippo Gallo, Napoli 1997, 337 ss.

132 Proemio („come non necessaria per il fine propostosi dalla società nella punizione dei rei") und Art. 51 („per sempre"); s. dazu auch oben Fn 20. Daneben ordnete Pietro Leopoldo das Niederreißen der noch vorhandenen Galgen und die Vernichtung der bei der Hinrichtung verwendeten Instrumente an (Art. 54), vgl. *Carmignani*, Schicksale der Todesstrafe, 393; *Zuliani* I, 465.

133 Art. 54.

134 « lavori pubblici » (Art. 53). Zu ihren Zwecken s. *Hans Schlosser*, Motive des Wandels in den Erscheinungsformen und Strafzwecken bei der Arbeitsstrafe, in: R. Schulze u. a. (Hg.), Strafzweck und Strafform zwischen religiöser und weltlicher Wertevermittlung, 2008, 145 ff. (150 f.).

beutet, oder die malariaverseuchten Sumpfgebiete in der Umgegend von Grosseto in der Provincia Inferiore, die trockengelegt wurden.[135] Frauen drohte – aus Gründen der Sittlichkeit und Moral – ein eigenes Arbeits- und Zuchthaus.[136]

Das Sanktioneninstrumentarium wurde ergänzt durch ein feinnerviges Netz von Gefängnis, Korrektionshaus, längerfristige Verbannung, kürzere Zwangsverweisung, Körperstrafen in der Form der privaten oder öffentlichen, demütigenden Züchtigung mit Ruten, sitzend auf einem Esel als Schand- und Ehrenstrafen oder Geldstrafen. Selbst der schändliche Pranger des alten Rechts als akzessorische und Nebenstrafe – in der Regel in Verbindung mit einer Körperstrafe – , vollzogen durch Zurschaustellung der Täter an der Pforte zum Gerichtsgebäude, blieb trotz aufgeklärter Strafziele in Kraft.[137]

Eine theoretisch ausformulierte und methodisch schlüssig begründete Straftheorie haben die Gutachter zusammen mit Pietro Leopoldo nicht entwikkelt. Die Kriminalisten beschäftigten im 18. Jahrhundert vorrangig drängende, eminent praktische Probleme. Zu praxisfernen Reflexionen über den Sinn und Zweck der Strafe sahen sie sich (noch) nicht veranlasst. Deshalb sind die von der „Leopoldina“ zu Leitgrundsätzen stilisierten Strafzwecke nur in Fragmenten und groben Umrissen erkennbar und rekonstruierbar.[138]

Zum übergeordneten Zweck jeder Strafe erhob das Gesetzbuch die Rechtssicherheit, garantiert durch die Promptheit und Unabdingbarkeit der verwirkten Strafe.[139] Diesen Effekt ergänzte und krönte die Besserung des Täters durch Verhängung einer gerechten Strafe. Nur eine proportionale, die Persönlichkeit des Täters wie die Tatumstände angemessen berücksichtigende Sanktion eröffnete dem Straftäter die Möglichkeit, als vollwertiges Mitglied in die Gesellschaft zurückzukehren, gegen deren Normen er verstoßen hatte. Nach den Gesetz gewordenen Vorstellungen des Granduca musste jede „gerechte“ Stra-

135 Später wurde noch das Gebiet um Massa zum Verbannungsgebiet erklärt („confino a Massa e suo vicariato“), vgl. vorbereitende Gedanken zum Motuproprio v. 6. Januar 1790, Haus-, Hof- und Staatsarchiv Wien, Sammelband 12, Della filza principale sugli Stati 1789-1790, Ziffer IV.

136 « ergastolo » (Art. 53).

137 *Sciumè*, Gli illeciti commerciali, 103 e n. 70.

138 Zum Ganzen vgl. auch *Paterniti*, Note al codice criminale, 88 ss.

139 *Cecchini*, Il reato, 298 ss.

fe[140] fünf Kriterien entsprechen: sie hatte milde bzw. human, verhältnismäßig zu sein, musste den Täter individuell treffen[141] und den Prinzipien der Gesetzmäßigkeit (Legalität) und Unabänderlichkeit genügen.[142]

Die „Leopoldina" hatte diese Wesenselemente konsequent in Rechtsnormen gegossen. Als primäres Ziel verfolgt jede Strafe die Wiedergutmachung des privaten und öffentlichen Schadens[143], verbunden mit der Besserung des Straftäters[144] und der Abschreckung der Öffentlichkeit zum Schutz der Gesellschaft[145]. Dem Erfordernis der Angemessenheit der Strafe wird durch eine streng „geometrisch" verstandene Korrespondenz entsprochen, die zwischen den subjektiven wie objektiven Tatumständen, dem verletzten Rechtsgut und der dafür vom Gesetz vorgesehenen Sanktion herzustellen war. Die „Leopoldina" realisierte dies durch Statuierung einer unbedingten, strafbewehrten Amtspflicht des Richters, bei der Festsetzung der Strafe ihre Art und Höhe nach dem Grundsatz der Proportionalität zu bestimmen. Nach der Idealvorstellung des Gesetzgebers war eine Strafe dann gerecht, wenn sie für den Täter so wenig wie nur möglich hart und bedrückend ausfiel, gleichzeitig dem Genugtuungs- und Sühnebedürfnis des Opfers genügte. Eine solche Sanktion entsprach dem Kriterium der Angemessenheit dann vollkommen, wenn sie den Straftäter prompt und sicher traf und er auch nicht hoffen konnte, sich ihr durch Gnadenakte zu entziehen.[146]

Der strafende toskanische Justizstaat hatte ferner dafür zu sorgen, dass der Verurteilte nach Verbüßung seiner Strafe in die Gesellschaft wieder als nicht diskriminiertes Mitglied zurückkehrte.[147] Dies konnte nur ein humaner Straf-

---

140 „pena giusta nè opportuna, con proporzione adequata", vgl. Haus-, Hof- und Staatsarchiv Wien, Familienarchiv, Sammelband 12, Della filza principale sugli Stati 1789-1790, Ziffer IV.

141 Art. 15. Deshalb auch Verbot der Vermögenskonfiskation als ungesetzliche Aneigung der Regierung (Art. 45 – « come una vera violenza e appropriazione illegittima che fa il Governo »).

142 *Comanducci*, La scuola criminale, 286 ss. Eingehend dazu schon *Cercignani* (s. oben Fn 64) bei *Zuliani* I, 174.

143 « l'oggetto della pena deve essere la soddisfazione al privato e al pubblico danno » – Art. 51.

144 « la correzione del reo figlio anche esso della società e dello stato » – Art. 51.

145 « e finalmente il pubblico esempio » – Art. 51.

146 Proemio, Art. 119.

147 « la possibile speranza di veder tornare alla società un cittadino utile e corretto » – Art. 51.

vollzug bewirken. Anordnungen für eine menschenwürdige Behandlung der Strafgefangenen, für eine penible Beachtung der Hygiene in den Gefängnissen, die früher Orte der Verzweiflung und eines schnellen Todes waren, sollten dies gewährleisten.[148]

Ungeachtet der grundsätzlich aufgeklärten Orientierung, der sich die „Leopoldina" unbedingt verpflichtet hatte, wollte der fürstliche Gesetzgeber und seine beratenden Justizpraktiker auf einige solcher Instrumente der Repression offenbar nicht verzichten, die zu den klassischen, jedoch überholten Relikten des alten Strafprozesses gehörten, gegen die die Aufklärer Sturm gelaufen waren. Außer den demütigenden, gegen die Würde des Individuums verstoßenden, infamierenden Ehr- und Schandstrafen[149] hielt das toskanische Reformgesetz weiter an der alten Ermessens- als Verdachtsstrafe fest.[150]

Damit verstieß Pietro Leopoldo bewusst gegen die klare progressiv-rationale Festlegung auf die Willenschuld als Verurteilungsvoraussetzung. Der Granduca hatte für die Überführung des Täters den objektiven Nachweis seiner Verantwortlichkeit für die strafbare Handlung gefordert. Erst dann durfte über ihn die vom Gesetz vorgesehene „pena ordinaria" und nicht eine erst vom Richter nach seinem Ermessen zu bestimmende arbiträre, außerordentliche „pena straordinaria" verhängt werden. In diese Richtung wies auch die konsequent ersatzlose Abschaffung der sog. privilegierten Beweismittel – „prove privilegiate"[151] – durch die „Leopoldina" als irregulär und zur Wahrheitsfindung ungeeignet.[152] Das Ziel war eine weitere Absicherung der neuen Mechanik im Gefüge des Beweisverfahrens. Unter privilegierten Beweisen wurden in erster Linie Zeugnisse von – in der Regel mit polizeilichen Aufgaben betrauten – Amtspersonen verstanden. Deren eidlich beschworene Aussagen galten und genügten als „Amtszeugnisse" vor allem bei Straftatbeständen, bei welchen die Beibringung konkreter zureichender Beweise naturgemäß sehr schwierig war[153], als Vollbeweise.[154]

---

148 Art. 31.

149 Art. 55 – Auspeitschen, sitzend auf einem Esel.

150 Art. 110.

151 Art. 27. Dazu s. auch *Antonio Pertile*, Storia del diritto italiano, seconda edizione, vol. VI, Bologna 1966 (Nachdruck), 453 ss.

152 « quei mezzi creduti irregolari o inefficaci a provare la verità », s. Governo della Toscana sotto il Regno di Sua Maestà il Re Leopoldo II, Firenze 1790, 15.

153 Z.B. bei Majestätsverbrechen, Münzfälschungsdelikten, verbotenem Waffentragen, Schadenszufügung bei der Jagd (Tötung von Haustauben – Art. 92 [„colombi domestici"], Schmuggel, Steuer- und Zollvergehen.

Umso inkonsequenter erscheint deshalb der von der „Leopoldina“ und ihres fürstlichen Gesetzgebers eingenommene Standpunkt, bei fehlendem vollem Schuldbeweis, jedoch bei Vorliegen zureichender Indizien bei Kapitalverbrechen den Verdächtigen zu einer außerordentlichen Ermessensstrafe zu verurteilen. Diese zur Reform erklärte Kopie der klassischen Verdachtsstrafe des Ancien Régime, bei der sich die „Leopoldina“ überdies ausdrücklich der Terminologie des späten Ius Commune bediente, verrät eine durch Unsicherheit geleitete strukturelle Einstellung der Reformer. Gegen diese Ermessenstrafe hatten die Aufklärer stets bevorzugt polemisiert.[155] Wenn das Gesetzbuch unter den Voraussetzungen des Art. 110 schon eine auf bloße Indizien gestützte, wahrscheinliche Schuld zur Bedingung einer Verurteilung erhob, erlaubte es in Wahrheit die Bestrafung eines mutmaßlichen Straftäters wegen eines materiell nicht voll bewiesenen Verbrechens.[156]

Die Folgen der prozesstechnischen Mechanismen waren weit reichend. Der Richter „dekretierte“ die Lossprechung des Angeklagten von der Instanz und erklärte den Prozess – „rebus sic stantibus – ex hactenus deductis“ – für offen („processo aperto“). Das Verfahren kehrte zu seinem Ausgang zurück. Den Verdächtigen traf die außerordentliche Strafe, die stets milder sein musste als die Regelstrafe. Über ihre Art und Höhe entschied der Richter nach seinem Ermessen. Die Verhängung schändlicher Nebenstrafen, wie des Prangers, war dabei strikt ausgeschlossen. Der Verurteilte blieb aber weiterhin der permanenten polizeilichen Aufsicht und Überwachung unterworfen. Möglichweise verrät die Positivierung der außerordentlichen Arbiträrstrafe fortwirkende

---

154 Vgl. dazu *Giorgia Alessi Palazzolo*, Prova legale e pena, Napoli 1979, 25 ss.

155 *Jean Marie Allmann*, Außerordentliche Strafe und Instanzentbindung im Inquisitionsprozesse, München 1903, 62 ff. Zu ihrer Verteidigung als Instrument der Strafmilderung in der „Leopoldina“ vgl. *Carmignani*, Historisch juristische Darstellung der Criminalprozessgesetzgebung Peter Leopolds II., S. 359 ff., 379 ff., und zu *Carmignani* vgl. *Aldo Mazzacane*, in: Dizionario biografico degli italiani, vol. XX, Roma 1977, 415 ss.; *Mario Montorzi* (a cura di), Giovanni Carmignani, Pisa 2003; *Zavatta*, La pena tra espiare e redimere, 56 n. 60.

156 Nach *Thomas Vormbaum*, Einführung in die moderne Strafrechtsgeschichte, 38, wurde die Verdachtsstrafe allerdings bewusst beibehalten, und zwar hauptsächlich aus der Sorge vor ungerechtfertigten Freisprüchen, die nach der Herausnahme der Folter aus dem inquisitorischen Beweissystem unvermeidlich geworden wären; diese Praxis habe der „zweckrationalistisch-nüchtern kalkulierten Präventionsstrategie“ der Aufklärer entsprochen.

Restvorstellungen der habsburgischen paternalistischen Kriminalpolitik, deren Leitgrundsätze „Überwachen – Registrieren – Bestrafen“ waren.[157]

5. Materielles Strafrecht

a) Kriminalpolitisch sensible Materien

Intensität, Reichweite und Wirkungen strafrechtlicher Reformen, die Postulate der rationalistischen Aufklärungsphilosophie umsetzen, lassen sich wirklichkeitsgetreu an der Normierung solcher Delikte ablesen, die politisch wie weltanschaulich besonders sensible Lebenssachverhalte reglementieren. Klassische Beispiele sind Straftatbestände, die entweder dem Schutz der Interessen der Regierenden und deren Machterhalt dienen oder der Kirche und ihren Organen bei der Durchsetzung moraltheologischer Gebote säkularen Beistand garantieren.

Zu ersten Kategorie gehört das *Majestätsverbrechen* mit seinen im Tatbestand offenen, unbestimmten und ausufernden Begehungsformen. Als „delictum enorme“ und „crimen exceptum“ rechtfertigte nach der herrschenden Doktrin[158] jede nur denkbare Modalität einer „laesio maiestatis“ das Überschreiten der zum Schutz des Täters bestehenden Schranken des Rechts.

Die zweite Kategorie bilden die *Religionsverbrechen*, nach der theokratischen Strafrechtsdoktrin todeswürdige „delicta atrocissima“. Angriffe auf die Religion und ihre Heiligen mit Hilfe der Instrumente der Vernunft und Rationalität stellten das auf Irrationalität und Metaphysik gegründete spirituelle System öffentlich in Frage; sie wurden damit zu einer Bedrohung der öffentlichen Ordnung und des Friedens. Als Beleidigungen einer anthropomorph verstandenen Gottheit verlangten sie nach automatischer, unverzüglicher Vergeltung zur Abwehr des Zornes des Gekränkten von der Gemeinschaft seiner Gläubigen.

Eng damit verknüpft waren alle von der gemeinrechtlichen Doktrin als „delicta carnalia“ bezeichneten *Verfehlungen* gegen die Verhaltensgebote der jeweils herrschenden *Sexualmoral*. Die Amtskirche definierte autonom nach den moralischen Vorgaben der dem Zeitgeist entzogenen Buß- und Beichtbücher

---

157 *Colao*, La giustizia criminale senese, 190: „sorvegliare, schedare, punire“. Zum leopoldinischen “sistema di sorveglianze incrociate” s. auch *La Rosa*, Il sigillo delle riforme, 151.

158 Vgl. z. B. *Baldus*: « Propter enormitatem delicti non concedenda conceduntur, et licitum est leges transgredi », zitiert nach *Alessi*, Prova legale e pena, 31 n. 37.

akribisch alle nur vorstellbare Begehungsformen und missbilligte sie unter Androhung schwerer geistlicher Sündenstrafen. Der weltlichen Obrigkeit und ihren Organen blieb die säkulare Verfolgung und Bestrafung dieser als „Sünde" ausgegebenen Verfehlungen als sozialschädliches Kriminalunrecht vorbehalten.

Darauf folgen als dritte Kategorie die „delitti di sangue" und sämtliche die *körperliche Integrität* beeinträchtigende Straftaten. Hinter deren typischer, aus den Bedürfnissen des Spruchalltags entstandener Tatbestandsvielfalt zeigen sich realistisch die wachsenden Einflüsse der Doktrin auf die Praxis.

b) System und Strukturen

Das Schrifttum hat dem materiellen Strafrecht der „Leopoldina" Beliebigkeit bei der Auswahl der Straftatbestände, fehlendes inneres System der Regelungen und Vermischung mit prozessualen Fragen vorgeworfen.[159] Diese Bewertung entspricht nicht der Realität.[160] Sie ist falsch und geht auf nur eingeschränkt zutreffende juristische Kenntnisse vom Gesetz zurück.

Tatsächlich verbindet die „Leopoldina" die Straftatbestände des Besonderen Teils übergangslos und ohne eine systemimmanente Notwendigkeit mit Prozessrechtsnormen. Diese kodifikatorische Technik ist einzigartig. Für sie gibt es in der zeitgenössischen Kriminalgesetzgebung kein Vorbild. Sie entspricht zwar nicht der herkömmlich üblichen Gliederung nach Vorschriften allgemeinen Charakters, vergleichbar dem heutigen Allgemeinen Teil, und solchen des Besonderen Teils. Gleichwohl verbirgt sich hinter dem scheinbar „mäandernden" System ein durchdachtes, strikt zielorientiertes Gliederungskonzept.

Der Gesetzgeber wollte ein Reformgesetz schaffen, das sich bei der Anordnung der Strafvorschriften eng an den tatsächlichen Ablauf eines regulären Strafverfahrens anlehnt. Konsequent fügt die „Leopoldina" das Kernstück des Besonderen Teils dort ein, wo der Richter im praktischen Fall nach Beachtung der allgemeinen Vorschriften mit der Prüfung der Tatbestandsmäßigkeit der Handlungen und ihrer Zurechenbarkeit beginnt. Dabei werden die einzelnen Verbrechenstatbestände hierarchisch, nach der Qualität oder Schwere der Verletzung der jeweiligen Rechtsgüter sowie nach dem gesamtgesellschaftlich

---

159 Zum Streitstand vgl. *Padovani*, Lettura, 1 ss; *Stanislaw Salmonowicz*, „Leopoldina": Il Codice penale toscano dell'anno 1786, in: Rivista italiana per le scienze giuridiche, vol. XIII (1969), 180 ss.

160 Einiges dazu – um Differenzierungen bemüht – bei *Di Simone*, Istituzioni e fonti normative in Italia, 68 s.

anerkannten Unwert der Straftat angeordnet. Die von der Kritik beanstandete Beispielhaftigkeit der Vorschriften steht mit dem Idealbild einer vernunftrechtlichen Kodifikation zwar äußerlich nicht Einklang, weil sie sich nicht durchgehend um Vollständigkeit bemüht. Sachlich gehen die Rügen jedoch ins Leere.

Übersehen wird nämlich, dass der Gesetzgeber Unvollständigkeiten (nur) des materiellen Rechts, sei es als planmäßige oder unbewußte Gesetzeslücken („casi omessi"), technisch elegant mit dem Instrument der „Heterointegration" geschlossen hatte.[161] Art. 118 erlaubte ausdrücklich Rückgriffe auf Straftatbestände, die in der alten, vorrevolutionären toskanischen Kriminalgesetzgebung enthalten waren. Allerdings war der Rechtsanwender verpflichtet, das herangezogene alte Strafrecht auf seine Kompatibilität mit der „Leopoldina" zu prüfen und die Rechtsnormen bei ihrer Anwendung im konkreten Einzelfall im Geist der „Riforma" auszulegen.[162] Auf diese Weise hatte der Gesetzgeber Vollständigkeit auf dem Gebiet des materiellen Strafrechts sehr wohl erreicht.

Der folgende Überblick soll Systemstrukturen offenlegen. Er muss und kann sich deshalb auf vier Grundkategorien beschränken. Für weitergehende untergliedernde Analysen fehlen zurzeit detaillierte Untersuchungen.

c) Religionsdelikte

Dem Teilabschnitt der materiellrechtlichen Strafnormen hat der Gesetzgeber eine ihrem Wesen nach inventarisierende Beschreibung der möglichen und zulässigen Strafmittel in der Rechtsform eines hierarchisch gegliederten Katalogs vorangestellt.[163] Die Aufzählung ist abschließend. Ihr „numerus clausus" demonstriert und garantiert auf diese textlich herausgehobene Weise auch die Legalität der Strafen.[164]

Die Reihe der Verbrechenstatbestände beginnt mit den Religionsdelikten.[165] Gegenüber dem alten, theokratisch begründeten und bestimmten Strafrecht ist diese Deliktsgruppe entkriminalisiert. Dies entspricht der Haltung des Granduca gegenüber der Kirche.[166] In seinem aufgeklärten gesellschafts- und recht-

---

161 Vgl. dazu auch oben Fn 90, und schon oben zu Fn. 26.

162 Vgl. oben zu Fn 92.

163 Art. 55 (69).

164 Proemio und *Paterniti*, Note al codice criminale, 92 ss.

165 Art. 60 – 61.

166 *Di Simone*, Istituzioni e fonti normative in Italia, 67 s.

politischen Konzept hatte die Kirche des Ancien Régime ihre alte Bedeutung verloren. Der Strafgesetzgebung waren bedeutsame Einschnitte in die kirchlichen Privilegien vorausgegangen. 1778 wurde die bischöfliche Offizialatsgerichtsbarkeit beseitigt sowie Klerus und Laien – in Straf- und Zivilsachen – einheitlich und ausnahmslos der weltlichen Jurisdiktion unterstellt. 1782 verbot der Granduca die kirchliche Inquisition[167], das Tribunal des „Sant'Uffizio" wurde geschlossen.[168] Konsequent qualifizierte und bestrafte die „Leopoldina" Gotteslästerungen als Polizeiunrecht.[169] Lediglich gewaltsame Störungen liturgisch-kultischer Handlungen sowie das öffentliche Lehren von Grundsätzen, die in Widerspruch zu jenen der katholischen Kirche standen, sollten als schwerwiegende Verstöße gegen die öffentliche Ordnung und je nach Tatschwere mit öffentlichen Zwangsarbeiten geahndet werden.[170] Der einst als schweres Sakrileg geltende Kirchenraub wurde als qualifizierter Diebstahl eingestuft und je nach dem Wert des Entwendeten ebenfalls mit den öffentlichen Zwangsarbeiten bestraft.[171] Die vormals als „laesio maiestatis divinae" verstandenen und deshalb todeswürdigen Verbrechen einschließlich der Apostasie, Häresie oder Ketzerei gehörten der Vergangenheit an.[172]

d) Majestätsdelikt

Noch deutlicher entkriminalisiert wurde das weltliche „crimen laesae maiestatis", dessen hypertrophe, offene Tatbestände zu den Hauptangriffzielen der Aufklärer gehörten, einschließlich der gerade hier exzessiv praktizierten sog. „privilegierten Beweise" in der Form von Amtszeugnissen. Bereits im „Proemio" des Gesetzes hatte der Granduca sämtliche unter dem Begriff des Majestätsverbrechens „in verderbten Zeiten mit ausgesuchter Grausamkeit erfundenen Verbrechen aus der Gesetzgebung verbannt" und sie als despotischen Missbrauch geächtet, den keine wohlgeordnete Gesellschaft dulden durfte.[173] Anschläge auf die Sicherheit, Freiheit und Ordnung des Staates, auf seine

---

167 « Tribunali di Nunziatura e Tribunali della Inquisizione »; s. auch *Zuliani* I, 465.

168 *Arnaldo Salvestrini*; Pietro Leopoldo, 129 s.; *Arnaldo Salvestrini – Bianca Maria Cecchini*, Reati e pene a Firenze prima e dopo la « Leopoldina », in: La „Leopoldina" 12, Milano 1991, 234 ss.

169 Art. 61 – « economicamente ».

170 Art. 60.

171 Art. 78.

172 Vgl. auch *Paterniti*, Note al codice criminale, 116 ss.

173 *Paterniti*, 112 ss.

Monopole[174], die Regierung und ihre Organe sollten als das verfolgt und bestraft werden, was sie nach allgemeinem Strafrecht waren, nämlich unzulässige oder gewaltsame Angriffe auf Personen oder Sachen.[175] Beleidigungen oder Schmähungen der Beamten werden – je nach Tatschwere – entweder als Polizeiunrecht summarisch („economicamente") oder arbiträr, nach dem Ermessen des Tatrichters bestraft.[176]

Den gesetzesvorbereitenden Materialien ist zu entnehmen , das Pietro Leopoldo die Säkularisierung und Entkriminalisierung des Majestätsverbrechens sowie der Religionsdelikte nur gegen härteste Widerstände sowohl des alten Behördenapparats wie der Bischöfe und des niederen Klerus hatte durchsetzen können. Wie politisch fragil die erzwungenen Reformen waren, zeigte sich bereits 1790 – im Gefolge der Französischen Revolution. Als Volksaufstände in Pistoia, Prato und in der Residenzstadt Florenz losbrachen, hatte Pietro Leopoldo die Todesstrafe für die Rädelsführer der Unruhen wieder eingeführt.[177] Dass die Strafe in keinem der Fälle vollstreckt wurde[178], unterstreicht, wie sehr sich die Verhältnisse in der Toskana nach dem Weggang des Granduca nach Wien als Leopold II. in Richtung Restauration verändert hatten.[179]

e) Sexualdelikte

Im Gegensatz zu der umfassenden Kriminalisierung des Sexualverhaltens durch das Strafrecht aus der Zeit der Medici-Herrschaft hat die „Leopoldina" ein System differenzierter Deliktstatbestände und insgesamt milderer Straffolgen entwickelt.[180] Dies geschah gegen massive Vorbehalte klerikaler und konservativer Kreise. Der fürstliche Gesetzgeber konnte in diesem Bereich eine zentrale Grundposition der Aufklärung verwirklichen. Alle Straftaten und ihre Rechtsfolgen wurden streng an das Prinzip der Verhältnismäßigkeit gebunden.

Absolute Höchststrafen waren für Ehebruch, Bigamie, Homosexualität und Sodomie vorgesehen.[181] Männern drohten lebenslange öffentliche Strafarbei-

---

174 Z.B. Taback- und Salzmonopol, Art. 105, 107.

175 Art. 62.

176 Art. 63.

177 Vgl. oben zu Fn 81.

178 Vgl. oben zu Fn 82.

179 *Turi*, « Viva Maria », 3 ss.

180 Näher dazu *Paterniti*, Note al codice criminale, 120 ss.

181 Art. 96.

ten, Frauen zwanzig Jahre Arbeits- und Zuchthaus. Bei Inzest entschied der Grad der Verwandtschaft über die Strafhöhe. Der Strafrahmen reichte von zehn Jahren öffentliche Zwangsarbeiten für Männer und fünf Jahren Arbeits- und Zuchthaus für Frauen bis zur milderen, vom Richter „arbiträr“ zu bestimmenden Ermessensstrafe, wenn Inzest zwischen Onkel, Neffen und Nichten begangen wurde. Mit der Arbiträrstrafe wurde auch der Geschlechtsverkehr zwischen Juden und Christen bedroht.[182]

Zentraler Deliktstypus innerhalb der „delitti di carne“ war der Rechtsbegriff des „stupro“. Darunter verstanden Doktrin und Praxis jede „copula carnalis“ zwischen einem Mann und einer Frau außerhalb einer Ehe. Heftig umstritten, uneinheitlich und fließend waren jedoch die engeren Tatbestandsvoraussetzungen. Die „Leopoldina“ entwickelte dazu erstmalig eine feste Systematik. Den einfachen „stupro semplice“ erklärte sie zum Grundtatbestand. Ihn ergänzte das Gesetz durch die qualifizierte Form des „stupro violento“, wenn das Sexualdelikt unter Anwendung von Gewalt[183] oder durch besonders raffinierte Verführungskünste[184] begangen wurde.

Als „atti aborriti della natura“ und Sondertatbestände galten u. a. Masturbation an öffentlichen Orten, Exhibitionismus und andere öffentliche „atti lascivi“.[185] Die Strafbarkeit wurde – im ersten Falle – mit der bewussten Verhinderung der „secundum naturam“ erachteten Fortpflanzung begründet. Zu der Höchststrafe trat in der Regel zusätzlich die Körperstrafe der nichtöffentlichen Auspeitschung.[186]

In Ganzen blieb die „Leopoldina“ bei den Sexualdelikten in den konkreten Strafdrohungen weniger stringent. Dies lag an der naturgemäß stets schwierigen Beweislage. Der Gesetzgeber versuchte interpretatorisch durch grundsätzliche Konstruktionen der Beweisnot vorzukehren. Demgemäß wurde eine mit der Höchststrafe bedrohte Vergewaltigung als „stupro violento“ stets dann

---

182 Art. 97.

183 « con violenza ».

184 « con qualificata seduzione ».

185 Art. 100.

186 Genauer dazu *Colao*, La giustizia criminale senese, 295 ss. (303 s.); zur unterschiedlichen Typologie vgl. auch *Denis Szabo – Susanna Pietralunga*, Ruptures dans le concept de nature au XVIIIe: Essai d'interprétation des crimes contre nature dans la Léopoldine – 1786, in: La „Leopoldina“ 12, Milano 1991, 137 ss.

angenommen, wenn Kinder das Opfer waren.[187] Gleiches befahl das Gesetz, wenn die Tat an einem noch nicht geschlechtsreifen Mädchen verübt wurde.[188] Im Übrigen konnte die nachfolgende Heirat zwischen Täter und Opfer sowohl den als öffentlichen Skandal empfundenen heterosexuellen „stupro“ zwischen Erwachsenen wie auch den begonnenen Strafprozess selbst beenden. Anderenfalls blieb es bei einer Verurteilung des Kindesvaters in die Gerichtskosten, ferner zu einer Geldstrafe zugunsten eines gemeinnützigen Spitals sowie zur Übernahme der Kosten der Entbindung und des Wochenbetts.[189]

Das Instrumentarium, auf das der Richter bei Ermessensstrafen („pene straordinarie“) zurückgreifen konnte, war sehr differenziert. Beispielsweise drohte im Falle der Kuppelei männlichen wie weiblichen Tätern die öffentliche Auspeitschung sitzend auf einem Esel mit anschließender Verbannung, im Wiederholungsfalle Männern öffentliche Zwangsarbeiten und Frauen das Arbeits- und Zuchthaus.[190]

Insgesamt war der „Leopoldina“ auf dem Gebiet des Sexualstrafrechts eine strikte Trennung zwischen den Morallehren der Kirche und dem staatlichen Strafrecht gelungen. Die der Sündhaftigkeit des Tuns entkleideten Tatbestände waren ein Fortschritt, den vor dem toskanischen Gesetz auf diesem Rechtsgebiet keine andere Kodifikation vollzogen hatte. Dass der im Übrigen für die Gleichheit aller Menschen und die Gleichbehandlung auch der Religionen eintretende Granduca sexuelle Kontakte zwischen Juden und Christen weiterhin als einen Sondertatbestand in Art. 97 mit Strafe bedrohte[191], widerspricht an sich naturrechtlichen Grundforderungen.[192] Der „Systembruch“ zeigt jedoch auch anschaulich, dass sich die Ideen der Aufklärung auf den Ebenen der

187 *Anna Coluccia*, Indagine tecnico – scientifica e valenza etica nell'attività peritale sul reato di stupro nella trattatistica settecentesca, in: La „Leopoldina“ 12, Milano 1991, 147 ss. (153).

188 Art. 99, 101 – « con vergine non viripotente ».

189 Art. 98.

190 Art. 101.

191 Aber auch als Beschützer der Juden war er bekannt, vgl. *Gustav Gugitz* (Hg.), Casanova und Graf Lamberg. Unveröffentlichte Briefe des Grafen Max Lamberg an Casanova aus dem Schloßarchiv in Dux, Wien/Leipzig/Olten 1935, 145 (Brief v. 17. März 1790 – « Messias der unseren »).

192 Vgl. dazu *Diaz*, Francesco Maria Gianni, 251; *Graf*, Der Verfassungsentwurf, 160.

Rechtspraxis und der Doktrin – in zwei Geschwindigkeiten – durchsetzen konnten.[193]

f) Verbrechen gegen das Leben und die körperliche Integrität

Vor allem die Regelungen der Verbrechen gegen das Leben und die körperliche Unversehrtheit waren bevorzugte Ziele der Kritik des älteren Schrifttums, das an dem Gesetz Unvollständigkeit und fehlende innere Verbundenheit beanstandet hatte. Dass dies unberechtigt war, haben jüngere, differenzierter analysierende Untersuchungen zur Gesetzestechnik (Heterointegration) nachgewiesen.[194]

Eine genauere Prüfung der einschlägigen Normen zeigt, dass die „delitti di sangue“ durchaus eine Grundstruktur besitzen und einer Systematik folgen, die Rechtssicherheit mit Rationalität, Humanität und Praktikabilität verbindet. Die entscheidende Trennlinie zum alten Kriminalrecht zog Art. 52 mit der ersatzlosen Abschaffung des als barbarisch und ungerecht bezeichneten sog. „Compendium“ vom 31. Oktober 1637.[195] Dieses in einer besonderen, kriminalpolitisch außerordentlich prekären Situation erlassene Gesetz gegen das Banditenunwesen[196] erlaubte jedermann gegen Auslobung einer Belohnung die straflose Tötung von Banditen („banditi“), Straßenräubern („ladroni di strada“) und ähnlichen Schwerstkriminellen, ohne dass diese vorher in einem Prozess verurteilt worden waren.[197] Den allein als verdächtig geltenden Tätern[198] drohten

---

193 *Emilio Bussi*, Die Justiz des Großherzogs Peter Leopold von Habsburg-Lothringen in Toskana 1765–1790, in: Römische Mitteilungen, 17. Heft, Rom/Wien 1975, 183, sieht bereits in der Tatsache, dass Art. 97 gleichzeitig alle diesen « Straftatbestand » betreffenden alten Gesetze und Verbote als abgeschafft erklärt, « eine kühne Neuerung » der « Leopoldina ».

194 Anstelle vieler *Salmonowicz*, « Leopoldina », 181 ss., einerseits und *Da Passano*, « Leopoldina », 308 s., andererseits.

195 „Compendio di più diverse leggi ... per destruzione de' banditi, assasini di strada ed altri delinquenti“, wiederveröffentlicht 1678. Dazu eingehend *Gabriella Santoncini*, La legislazione premiale dello stato fiorentino nei secoli XVI – XVIII, in: La « Leopoldina » 11, Milano 1990, 12, 34 ss., und kurz *Zuliani* I, 504.

196 „brigantaggio, banditismo“, vgl. dazu *Guerrini*, Il delitti di sangue, 47 ss.

197 Unübersehbar ist hier der Einfluss von *Cesare Beccaria*, der gegen das vom Staat ausgesetzte « Kopfgeld – taglia » polemisierte, wodurch der Bürger zum Henker wurde (« armando il braccio di ciascun cittadino farne un carnefice »), vgl. Dei delitti e delle pene, a cura di Gianni Franconi, con le edizioni italiane del „Dei delitti e delle pene“ di Luigi Firpo, Edizione Nazionale delle Opere di Cesare Beccaria, diretta da Luigi Firpo, vol. I, Milano 1984, § XXXVI.

198 « che secondo l'uso del volgo sono chiamati assassini per ruberie ».

grundsätzlich abschreckende Todesstrafen, vornehmlich der Galgen und die Vierteilung.[199] Das „Compendium" hatte unter dem Begriff des „assassinio" unpräzise, undifferenziert alle Handlungen gegen das Leben und die körperliche Integrität subsumiert.[200] Sie galten bereits durch einfache Gewaltanwendung[201] als qualifiziert, ohne dass dabei den Opfern tödliche Verletzungen zugefügt worden waren.

Die exzessive, gegen elementare Strafrechtsprinzipien verstoßenden Anwendung des „Compendium" in der Praxis[202] war ursächlich, dass die „Leopoldina" auf die Einführung eines eigenen Mordtatbestandes – „assassinio" – als schwerstes Verbrechen gegen das Leben völlig verzichtet hatte.[203] An seine Stelle setzte sie als zentralen und Grundtatbestand der „delitti di sangue" den Totschlag und nannte das Verbrechen „omicidio".[204]

Systematisch unterschied das Gesetzbuch zwei Kategorien des Totschlags. Der ersten Gruppe waren alle Verbrechen mit schwerem und hohem Unrechtsgehalt als „delitti atrocissimi" zugeordnet. Dazu zählten alle Tatmodalitäten einer vorsätzlichen Tötung („omicidio premeditato"), die Kindestötung, Abtreibung und Giftbeibringung.[205] Sie alle waren durch ein besonderes subjektives Merkmal bei der Tatbegehung qualifiziert, wie etwa Heimlichkeit, Heimtücke oder Schutz- und Wehrlosigkeit des Opfers. Innerhalb dieser systematischen Reihung widersprach die Qualifizierung der Abtreibung als Schwerstdelikt, das in der Regel die Höchststrafe nach sich zog, an sich Forderungen der Auf-

199 « forca e squarto ».

200 « omicidi, assassini per ruberie o delitti con violenza ».

201 « semplice violenza ».

202 Nach *Carmignani*, Schicksale der Todesstrafe, 386, sanktionierte diese Art von Kriminalgesetzgebung das gesamte zeitgenössische « System der Staatsschlächterei » – ein Begriff, der wohl *Andrea Alciato* entlehnt ist (« at hodie in poenis mera carneficina est » – zitiert nach *Alessi*, Questione giustizia, 153 n. 5).

203 Die Art. 67 bis 72 kennen diesen Begriff nicht. Nur in Art. 52 wird – ohne inhaltliche Präzisierung – auf die « assassini » des "Compendium" v. 1637 Bezug genommen. Vgl. dazu eingehend *Guerrini*, I delitti di sangue, 50; *Maura Silvi*, Tecnicismo e sinonimia in tre codici penali del Settecento, in: La « Leopoldina » 5, Milano 1989, 701 s.

204 Art. 67, 68.

205 Art. 67, 71, 72.

klärer, bei der Strafzumessung der besonderen psychischen Situation der Mutter Rechnung zu tragen.[206]

Der zweiten Verbrechensgruppe wurden sämtliche Delikte mit geringerem Unrechtsgehalt zugerechnet.[207] Dazu zählten vor allem sämtliche aus plötzlichem Tatentschluss oder im Streit hervorgegangenen Handlungen, ferner auch die einst durch „ruberie“ qualifizierten „assasini“[208]. Gerade bei ihnen hatte das Gesetz den Richter zur strengsten Beachtung des Grundsatzes der Proportionalität verpflichtet.

Insgesamt sind bei den „delitti di sangue“ die Merkmale der Milderung, Humanisierung und Reduzierung der Strafmittel als leitende Orientierungsmarken erkennbar. Männer traf als Hauptstrafe die öffentlichen Zwangsarbeiten, Frauen das Zucht- und Arbeitshaus. In besonderen Fällen realisierte erst eine zusätzliche Schärfung mit Körperstrafen das Prinzip der Proportionalität. Im Übrigen besaß der Richter bei der Strafzumessung große Ermessensfreiheit.[209] Heterointegration des Art. 118 und richterliche Ermessensfreiheit ermöglichten und gewährleisteten eine stets systemgetreue Weiterentwicklung des Gesetzbuchs und seine Anpassung an die Bedürfnisse der täglichen Spruchpraxis.

III. Zur Edition und Übersetzung der „Riforma“

1. Der Forschung abhanden gekommenes Gesetz

Ohne erkennbare und sachlich zureichend erklärbare Gründe hatte außerhalb Italiens insbesondere die neuere deutsche strafrechtshistorische Forschung das toskanische Strafgesetzbuch praktisch nicht zur Kenntnis genommen.[210] Noch Ende der 80ger Jahre des vergangenen Jahrhunderts registrierten Lehr- und

---

206 Ebenfalls problematisiert bei *Cesare Beccaria*, Dei delitti e delle pene, § XXXI. Zum Ganzen vgl. *Colao*, La giustizia criminale senese, 250 ss. (260 ss.).

207 Art. 68, 72.

208 Fortan als „rapina“ (Raub) nach Art. 76, 77. Bei der Strafzumessung waren die Höhe des Entwendeten sowie die Art und Intensität der Gewaltanwendung zu berücksichtigen.

209 Näher dazu *Paterniti*, Note al codice criminale, 133.

210 Unbekannt noch den Standardlehrbüchern z. B. von *Robert v. Hippel*, Deutsches Strafrecht, Bd. 1, 1925, oder *Eberhard Schmidt*, Einführung in die Geschichte der deutschen Strafrechtspflege, 3. Aufl. 1965.

Studienbücher seine Existenz[211], ohne dass den Autoren jemals der Originaltext vorgelegen hatte.

Erst mit einem von *Luigi Berlinguer* initiierten und 1986[212] der Fachöffentlichkeit vorgestellten Forschungsprojekt[213] begann eine neue Phase der wissenschaftlichen Beschäftigung mit dem toskanischen Kriminalkodex. Die Vielzahl der von diesem Projekt angeregten Spezialuntersuchungen, vorwiegend aus der Feder italienischer Autorinnen und Autoren, ist seit 1988 der interessierten Fachwelt in der zentralen Schriftenreihe *La „Leopoldina"* zugänglich.[214]

Anfänglich beschäftigten die Autoren der „wahre" Rechtscharakter der „Leopoldina" [215] und ihre Fernwirkung.[216] Die Bandbreite der dabei gefundenen Typisierungen reicht von dem unsystematischen, ungeordneten, chaotischen Gesetzbuch bis zum zumindest vormodernen Kodex, der seiner Zeit weit voraus war und in die Zukunft wies.[217]

Aber selbst nach diesen ersten Analysen, die den bisherigen Forschungsstand durchaus entscheidend erweiterten, blieb dem Kriminalkodex – jedenfalls außerhalb Italiens, speziell in Deutschland – eine über die Tatsache seiner Existenz hinausgehende, sachlich weiterführende Beachtung versagt. Die wenigen Autoren, die in wissenschaftlich anspruchslosen Untersuchungen Zu-

---

211 Desorientiert spricht *Wolfgang Sellert*, Studien- und Quellenbuch zur Geschichte der deutschen Strafrechtspflege, Bd. 1, 1989, 351, von einem „neuen Kriminalgesetzbuch für das Großherzogtum Toscana unter Leopold II. aus dem Jahre 1786". Letzterer war 1786 jedoch Großherzog der Toskana und nannte sich *Pietro Leopoldo*. Erst als römisch-deutscher Kaiser wählte er 1790 den Namen *Leopold II.*

212 Wohl auch anlässlich des « secondo centenario » der « Riforma ».

213 „Incontro Internazionale di Studio" an der Universität Siena (3.–6.12.1986) – zum Thema: *La „Leopoldina". Criminalità e giustizia criminale nelle riforme del Settecento europeo*; s. dazu *Furio Diaz*, La „Leopoldina", Rivista storica italiana 99, Napoli 1987, S. 84 ss.

214 *La „Leopoldina"*. Criminalità e giustizia criminale nelle riforme del '700 europeo. Ricerche coordinate da *Luigi Berlinguer* (in Zusammenarbeit mit *Floriana Colao*).

215 Eine gute kritische Übersicht über die Diskussion bei *Mario Da Passano*, La « Leopoldina » è un codice moderno?, in: Materiali per una storia della cultura giuridica XVII, Bologna 1987, 469 ss.

216 Vgl. z. B. *Paola Balestreri*, La fortuna della Leopoldina in Sassonia: Illuminismo e codificazione nell'opera di Christian Daniel Erhard, in: La „Leopoldina" 5, Milano 1989, pp. 499 ss.; s. dazu auch *Friedhelm Krüger*, Christian Daniel Erhard und sein Entwurf eines Gesetzbuches über Verbrechen und Strafen für das Königreich Sachsen, 1963.

217 Undifferenziert dazu *Zuliani* I, 524, substantiierter *Di Simone*, Istituzioni e fonti normative in Italia, 68 s.

gang zu dem Gesetz versucht hatten, begnügten sich überwiegend mit schlicht referierenden Hinweisen.[218] Dabei legten sie groteskerweise ihren Beiträgen erneut nicht den Originalwortlaut zugrunde, obwohl ihre Bemühungen materiell- und prozessrechtlichen Details des Gesetzes galten. Resignierend rechtfertigten sie dies mit der Unerreichbarkeit des italienischen Textes in den Bibliotheksbeständen der Bundesrepublik Deutschland.[219] Ersatzweise nahmen sie Zuflucht zu wissenschaftlich und textkritisch äußerst fragwürdigen, antiquierten deutschen Übersetzungen anonym gebliebener Verfasser[220], anstelle provisorisch weitaus bessere englische oder französische zeitgenössische Übertragungen zu benützen.[221] Alle diese Werke wurden unmittelbar nach der Inkraftsetzung der „Leopoldina" publiziert. Vor allem die deutschen Versionen waren offensichtlich überhastet, schnell gearbeitet. In einer über weite Strecken heute unverständlichen, verquasten Sprache und überdies rechtsdogmatisch oberflächlich, teilweise juristisch falsch, gaben sie für die deutschsprachige Leserschaft ihrer Zeit den tatsächlichen juristischen Inhalt des toskanischen Geset-

---

218 So etwa *Sellert*, Studien- und Quellenbuch, 351 Fn 42.

219 Bereits eine erste grobe Recherche ergab drei Treffer: (1) Bayerische Staatsbibliothek München – Signatur 2 Jur. rel. 123; (2) Bayerische Staatsbibliothek München – Signatur Crim. 76 sz (Original [„Edict"] mit englischer Übersetzung); (3) Staatsbibliothek zu Berlin – Signatur 1: 4° Hl 23558 (unter fiktivem Titel).

220 (1) *Neues Criminal Gesetz von Toskana*, vom 30. Nov. 1786, in: Schlözer's Stats-Anzeigen, X. Band, Göttingen 1787, Heft 39, S. 348–377, Heft 40, S. 393–420; (2) *Neues Criminal Gesetzbuch für das Großherzogthum Toskana.* Aus Befehl Sr. kön. Hoheit des Großherzogs herausgegeben. Aus dem Italienischen übersetzt, Chur 1787; (3) *Kriminalgesetze Sr. Königl. Hoheit Peter Leopolds, Erzherzogs von Oesterreich, Großherzogs von Toskana* etc., in das Deutsche übersetzt, Wien 1787.

221 (1) *Nouveau Code Criminelle* pour le Grand Duché de Toscane, publié par ordre de Son Altesse Royale, Monseigneur Le Grand Duc. Traduit de l'italien, Lausanne 1787; (2) *Edict of the Grand Duke of Tuskany*, for the reform of Criminal Law in his dominions, translated from the italian: together with the original, Warrington 1789. Die englische Übersetzung hatte offensichtlich der Philanthrop und Gefängnisreformer *John Howard* (1726–1790) persönlich in Auftrag gegeben, vgl. Revision des peinlichen Gesetzbuches Seiner K. Apost. Majest. Leopold des Zweiten für das Grossherzogthum Toskana. Aus der englischen periodischen Schrift The Monthly Review, Wien 1790, 4 ff., und *Zuliani* I, 602. Allerdings hatte der englische Herausgeber offensichtliche Probleme mit dem toskanischen Gesetz, der einleitend feststellte: „The editor is very sensible that there are passages in this Edict which do not consist with that extensive liberty which ist the just *pride* and *boast* of Englishmen". – Zu den italienischen Editionen vgl. *Zuliani* I, 575 ss., und zu weiteren Übersetzungen *Da Passano*, La giustizia penale, 390 n. 156. Eher eine Kuriosität ist die lateinische Übersetzung von *Josephus Voltiggi*, Codex Criminalis Hetruriae, Serenissimi Archiducis Petri Leopoldi, nunc Regis Hung. Boh. Gallic. Lod. &, Viennae 1790.

zes verkürzt, verfälscht, bestenfalls verzerrt und bruchstückhaft zutreffend wieder[222].

2. Vorlage der Edition und Kriterien der Übersetzung

Noch bis in die 70er Jahre des vergangenen Jahrhunderts waren Textausgaben der „Leopoldina" in der Sprache des Originals eine bibliographische Rarität.[223] Neuere Editionen wurden bislang ausschließlich von italienischen Autoren besorgt. *Franco Venturi* veröffentlichte erstmals 1965 den Text als „La legge toscana del 1786".[224] *Carlo Paterniti* legte 1985 eine moderne, mit grundsätzlichen dogmatisch-kritischen Anmerkungen versehene Fassung vor.[225] Aber erst nach den seit 1988 publizierten bahnbrechenden Untersuchungen und Analysen von *Mario Da Passano* zu den genetischen Stufen der „Leopoldina" auf der Basis der *„progetti, „testi"*, der Voten und Denkschriften der Berater unter Leitung des Granduca begann eine nach modernen Forschungsstrategien und Methoden arbeitende, neue und fruchtbare Phase.[226] Die bislang letzte Edition der „Leopoldina" stammt von *Dario Zuliani.*[227] Er wählte als Vorlage die ersten amtlichen, unmittelbar nach der Verabschiedung des Gesetzes 1786 als Druck publizierten Fassungen. Der Autor dokumentiert in voller Breite die Diskussion bei den gesetzesvorbereitenden Arbeiten und verfolgt auch rechtsvergleichend das Schicksal der verschiedensten Vorschläge, Entwürfe und Denkschriften bis zur vom Granduca autorisierten Endfassung.

---

222 *Kroeschell*, Deutsche Rechtsgeschichte III, 99 ff., und *Rüping-Jerouschek*, Grundriss der Strafrechtsgeschichte, 5. Aufl., 2007, 89, benützen die Ausgabe: Neues Criminal Gesetz in: Schlözer's Stats-Anzeigen, Göttingen 1787; *Sellert*, Studien- und Quellebuch, 351 Fn 42, bemüht für seine exemplarischen Quellenstudien eine noch unzureichendere Übersetzung: Neues Criminal Gesetzbuch, Chur 1787 (s. Fn 220 [2]).

223 « esemplari del codice toscano – rarità bibliografiche », vgl. *Salmonowicz*, „Leopoldina", 178 n. 16; ähnlich *Bussi*, Die Justiz des Großherzogs, 177.

224 In: *Franco Venturi* (a cura di), Cesare Beccaria, Dei delitti e delle pene. Con una raccolta di lettere e documenti relativi alla nascita dell'opera e alla sua fortuna nell'Europa del Settecento, Prima edizione 1965, terza 1973, "NUE Nuova Serie", Einaudi Torino 1978, 258–300.

225 *Carlo Paterniti*, Note al codice criminale toscano del 1786, Cedam Padova 1985, 5–50 (Text), 52-137 (Kommentierung). Auch er spricht noch vom "codice leopoldino, non sempre facilmente reperibile" (1).

226 *Mario Da Passano*, Dalla « mitigazione delle pene » alla « protezione che esige l'ordine pubblico ». Il diritto penale toscano dai Lorena ai Borbone (1786–1807), La „Leopoldina" 3, Giuffrè Milano 1988.

227 *Dario Zuliani*, La riforma penale di Pietro Leopoldo, vol. 1 e 2, La „Leopoldina" 2, Giuffrè Milano 1995.

Angesichts des Fehlens eines relativ leicht zugänglichen amtlichen Textes der „Riforma" sowie einer deutschen Übersetzung, die den Anforderungen der modernen Editionstechnik ebenso wie der Strafrechtsdogmatik genügen, erschien die Bereitstellung beider, verbunden mit einer knappen Kommentierung, überfällig. Dabei erwies sich die italienische Gesetzessprache des Settecento mit den nur scheinbar ungegliederten, zumeist überlangen Satzperioden als eine besondere Herausforderung für die Übersetzung.[228] Zwei Modelle boten sich an, den Originaltext fachjuristisch korrekt, sprachlich richtig und verständlich zugleich wiederzugeben.

Die erste Variante war eine Übersetzung, die sich sehr eng, nach Möglichkeit wörtlich an die Fachsprache des Originals anschloss. Dabei wären eine sprachliche Schwerfälligkeit, nur begrenzte Lesbarkeit und eingeschränkte juristische Präzision als Folgen unvermeidbar gewesen. Die zweite Variante bestand in einer sprachlich modernen Fassung, die sich vom Gesetzeswortlaut in Einzelfällen zwar weit entfernte, aber gerade deshalb an Transparenz und inhaltlich-rechtlicher Genauigkeit gewann. Selbst bei diesem Modell hätte allerdings eine auf weite Strecken anachronistische Version des Originals als nicht unproblematisches Ergebnis in Kauf genommen werden müssen.

Nach zahlreichen Experimenten fiel schließlich die Entscheidung zugunsten einer Übertragungstechnik, die soweit wie nur möglich dem italienischen Sprachduktus folgt, um den individuellen, unverwechselbar zeitgebundenen Charakter eines Gesetzes des Settecento in noch angemessenem und vertretbarem Umfang zu bewahren. Dass der deutsche Text die juristische Kernaussage gelegentlich nur im Wege von Umschreibungen wiedergibt, muss dabei hingenommen werden.[229] Die deutsche Fassung löst sich aber auch dort bewusst von der italienischen Vorlage, wo eine wörtliche, sklavische Reproduktion den sachlichen Aussagen des Originals und damit dem Willen des Gesetzgebers nicht oder nur unvollkommen gerecht geworden wäre.

Vorlage des Originaltextes ist die handschriftliche Endfassung der „Riforma", die der fürstliche Gesetzgeber mit seinem bevorzugt verwendeten italienisier-

---

228 Z. B. Art. 45, 51, 80, 82, 105.

229 Das unvermeidliche « Vorverständnis » des heutigen übersetzenden Interpreten knüpft dabei im klassischem Sinne permanent an die Gebundenheit und das Ausgeliefertsein an die Geschichte an, vgl. *Thomas Vesting*, Rechtstheorie, 2007, 111.

ten Namen *Pietro Leopoldo* eigenhändig unterzeichnet hatte[230] und die heute im „Archivio di Stato di Firenze" zugänglich ist[231].

Auch darin unterscheidet sich die vorliegende Edition von der bislang neuesten, von *Dario Zuliani* besorgten, der seinem Werk eine amtliche Druckausgabe zugrunde gelegt hat.[232] Sachlich relevante Textabweichungen des handschriftlichen Textes von den ersten, amtlich autorisierten, gedruckten Fassungen, die alle[233] von der „Stamperia di Gaetano Cambiagi" in Florenz verlegt worden waren, sind eine quantité négligeable und selbstreferenziell.[234]

230 Mit weiteren Unterschriften der Beamten (Consiglieri di Stato) der Segreteria *Carlo Bonsi* und *Vincenzio degli Alberti*.

231 *Archivio di Stato di Firenze*, Segreteria di Gabinetto f. 62, ins. 40/II. Originale della legge criminale con firma autografa di Pietro Leopoldo, f. 38 ins. 38 Nuova legge e riforma.

232 Die 2. offiziell autorisierte (Großformat), vgl. *Zuliani* II, 15.

233 Insgesamt vier Auflagen; Übersicht über die italienischen Editionen bei *Zuliani* I, 575-613.

234 Auf sie brauchte lediglich durch Klammern { } hingewiesen zu werden. Die Erwähnung der inzwischen beseitigten Todesstrafe als neben der an ihre Stelle getretenen Ersatzstrafe (öffentliche Zwangsarbeiten) fortgeltendes Strafmittel beruht in Art. 19 und 114 offensichtlich auf einem Schreibversehen.

Riforma della Legislazione Criminale Toscana
„Leopoldina“

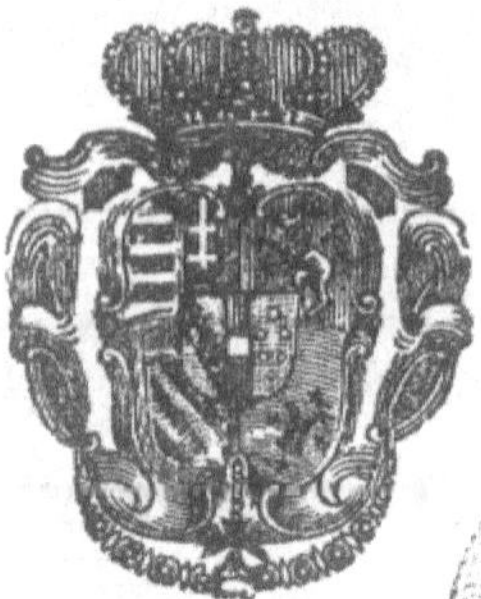

PIETRO LEOPOLDO

PER GRAZIA DI DIO

PRINCIPE REALE D'UNGHERIA E DI BOEMIA

ARCIDUCA D'AUSTRIA

GRANDUCA DI TOSCANA &c. &c. &c.

Fino dal Nostro avvenimento al Trono di Toscana riguardammo come uno dei Nostri principali doveri l'esame, e riforma della Legislazione Criminale, ed avendola ben presto riconosciuta troppo severa, e derivata da massime stabilite nei tempi meno felici dell'Impero Romano, o nelle turbolenze dell'Anarchìa dei bassi tempi, e specialmente non adattata al dolce, e mansueto carattere della Nazione, procurammo provvisionalmente temperarne il rigore con Istruzioni, ed Ordini ai Nostri Tribunali, e con particolari Editti, con i quali vennero abolite le pene di Morte, la

I. Italienischer Originaltext

PIETRO LEOPOLDO
Per la Grazia di Dio
Arciduca di Austria, Principe Reale di Ungheria e di Boemia,
Gran Duca di Toscana &c. &c. &c.

Fino dal Nostro avvenimento al Trono di Toscana riguardammo come uno dei nostri principali doveri l'esame, e riforma della Legislazione Criminale, ed avendola ben presto riconosciuta troppo severa, e derivata da massime stabilite nei tempi meno felici dell'Impero Romano, o nelle Turbolenze dell'Anarchia de {*dei*} Bassi tempi, e specialmente non adattata al dolce, e mansueto Carattere della Nazione, procurammo provvisionalmente temperarne il rigore con Istruzioni, ed Ordini ai nostri Tribunali, e con particolari Editti, con i quali vennero abolite le Pene di Morte, la Tortura, e le Pene immoderate, e non proporzionate alle trasgressioni, ed alle contravvenzioni alle Leggi fiscali, finché non ci fossimo posti in grado mediante un serio, e maturo esame, e col soccorso dell'esperimento di tali nuove disposizioni di riformare intieramente la detta legislazione.

Colla {*Con la*} più grande soddisfazione del nostro paterno Cuore abbiamo finalmente riconosciuto, che la mitigazione delle Pene congiunta con la più esatta vigilanza per prevenire le ree azioni, e mediante la celere spedizione dei Processi, e la Prontezza, e sicurezza della Pena dei veri Delinquenti, in vece di accrescere il numero dei Delitti, ha considerabilmente diminuiti i più comuni e resi quasi inauditi gli atroci, e quindi siamo venuti nella determinazione di non più lungamente differire la riforma della legislazione criminale, colla {*con la*} quale abolita per massima costante la Pena di morte, come non necessaria per il fine propostosi dalla Società nella Punizione dei Rei, eliminato affatto l'uso della Tortura, la confiscazione dei Beni dei delinquenti, come tendente per la massima parte al danno delle loro innocenti Famiglie, che non hanno complicità nel delitto, e sbandita dalla legislazione la moltiplicazione dei delitti impropriamente detti di Lesa Maestà con raffinamento di Crudeltà inventati in tempi perversi, e fissando delle {*le*} Pene proporzionate ai delitti, ma inevitabili nei respettivi casi, Ci siamo determinati a ordinare colla {*con la*} Pienezza della nostra suprema Autorità quanto appresso.

I

Tutte le Cause Criminali si principieranno, o ad Istanza del Querelante pubblico, o ad Istanza della parte offesa. L'uno e l'altro sarà obbligato a firmare la sua querela sapendo scrivere, e presentata in Tribunale a ratificarla con la viva voce davanti al Ministro a ciò deputato, il quale interrogatolo ancora sopra quel più, che esigesse di schiarimento il tenore della stessa Querela ne registrerà l'atto nelle debite forme.

II

Quest'atto servirà perché chi avrà presentato la Querela, sempre e a tutti gli effetti ne sia il Debitore per tutti i Casi, che l'imputato ritrovato innocente, si dovesse procedere contro l'Accusatore per la Calunnia, ben inteso però sempre che il Querelante pubblico non sia tenuto, che alla Calunnia espressa, ovvero a dire chi gli ha dato la Notizia.

III

In tutti i delitti si potrà e si dovrà procedere ex officio, o vi aderisca la Parte offesa, o non vi aderisca. Aprirà ancora la Strada al Processo il referto del Cerusico o di chi altri ha la pubblica incumbenza di denunziare i delitti, nei quali tutti si potrà, e dovrà procedere ex officio. Da questa disposizione restano eccettuate però le ingiurie tanto verbali, che scritte, le leggiere percosse, o altre semplici offese della Persona seguite in rissa, le turbative, e i danni dati in Campagna, escluso l'Incendio, le piccole truffe, e stellionati, non eccedenti, cioè l'importare di Lire settanta, e gli stupri, e adulterj senza violenza, nelle quali cause non sarà permesso l'accettar Querela, se non è della Parte, a cui compete l'azione di querelare. Questa azione compete nell'adulterio al solo Marito; nello Stupro alla stuprata, al Padre, in mancanza del Padre alla Madre, fratello, Tutore o curatore, o altro più prossimo Congiunto; nelle ingiurie sì verbali, che scritte, quanto ancora personali, all'ingiuriato, o offeso, al Padre, o qualunque altro della famiglia, a cui di ragion Comune potendosi riferire l'Ingiuria, o il danno, ha Diritto di vendicare tali ingiurie, ed offese; nelle turbative, nei danni dati nelle truffe, e nello Stellionato ai soli dannificati. E se in tali delitti la parte stessa dopo avere in alcuna delle dette cause intentata l'azione criminale, avanti però che sia sentenziato, avrà rinunziato {*renunziato*} al suo interesse, o in qualunque forma avrà fatta la quietanza al querelato, e questa sarà stata riportata e verificata in giudizio, non sarà luogo a procedere ulteriormente.

IV

Bensì in tal caso, se d'altronde costerà dell'Imputazione, il Tribunale dovrà passarne la notizia al Presidente del Buon Governo {*dello Stato Fiorentino*}, all'Auditor Fiscale nel Senese {*di Siena per la Provincia Superiore*}, e al Commissario di Grosseto per la Provincia Inferiore, col nome, e cognome del Querelato, e con Specificare la mancanza, della quale col Processo era fatto debitore, e la Pena, che avrebbe meritato, se non avesse opportunamente soddisfatto la Parte, perché possino tenere in osservazione simili Persone come sospette.

V

In tutti gli altri delitti, nei quali si deve procedere ex officio, e non eccettuati come sopra, la quietanza della Parte offesa non dovrà attendersi non solo per trattenere il Corso al Processo, ma neppure per diminuire al Reo la Pena dovutali {*dovutagli*}.

VI

All'effetto di dare un migliore e più giusto freno all'uso quantunque antichissimo universale, e costante, che si suol fare del Giuramento nei Giudizj Criminali, e quindi, come richiede il rispetto e la venerazione che in sommo grado dobbiamo a Dio, ed al Suo Santissimo Nome, diminuirne quanto congruamente si può la frequenza, ed insieme sfuggire il Pericolo di dare altrui occasione di spergiurare estendendo la disposizione della Legge dei 21 Aprile 1679 da cui era solo vietato di obbligare il reo a giurare quanto a sé, ma non rispetto ad altri, proibiamo assolutamente che in avvenire a chiunque stà in giudizio in figura di reo, sia dato il giuramento tanto riguardo al fatto proprio, quanto riguardo al fatto degli altri, complici, o non complici del delitto per cui si procede, qualunque sia il caso e qualunque ne fosse l'oggetto, ancorché il reo medesimo per sua discolpa domandasse di essere ammesso al giuramento.

VII

Sia pure proibito il giuramento, che per rimuovere ogni sospetto di temerità, e di calunnia suoleva {*soleva*} e doveva prestare la Parte nella sua querela, se non era il pubblico Querelante, potendo essere di un bastante freno la Pena della Calunnia, a cui si sottopone. E considerando, che anco i deposti dei Testimonj esaminati nell'Informativo non sono per se stessi di veruna efficacia, se non vi accede alcuno dei Soliti ulteriori atti indicanti la legittimazione del Processo, Comandiamo che non si facciano neppure giurare i Testimonj, che compariranno per esaminarsi nell'informativo, ma solo, se data copia al Reo del Processo, egli domanderà, che il Testimone esaminato contro di esso giuri, allora il Testimone sarà obbligato a ratificare il suo deposto col giuramento. Senza questa Speciale istanza si attenderanno i deposti dei Testimonj, come se fossero giurati e così nei Processi contumaciali avranno pure l'intiera Validità i deposti dei Testimonj benché non giurati.

VIII

La repetizione dei Testimonj, che dovrà farsi sopra gl'Interrogatorj {*gli interrogatori*} del Reo presente, abbia questo o non abbia fatto Istanza che siano ripetuti col giuramento, porterà alle medesime Conseguenze, e così o il Testimone confermi il suo primo deposto, o lo varj, o lo corregga, o lo ritratti, il Giudice ne farà a tutti gli effetti quell'istesso caso, che ne farebbe, se tanto nel primo, quanto nel secondo deposto fosse intervenuto il Giuramento.

IX

I Testimonj, che sono indotti a difesa, e respettiva repulsa, se la Parte interessata, o sia il querelante tanto pubblico che privato, o sia ancora il Reo medesimo, non farà istanza, che siano esaminati mediante il giuramento, dovranno sentirsi senza il Giuramento, ed il detto loro sarà come se fosse giurato.

X

In conseguenza delle regole di sopra prescritte, in vece del previo avvertimento, che è stato solito farsi dal Processante al Testimonio {*Testimone*} sul giuramento per dire la Verità, dovrà il Processante avvertirlo dell'obbligo, che per legge divina, ed umana ha ognuno di non attestare il falso, o falsamente dire di ignorare ciò che egli sà, e dell'importanza di un tale obbligo; e dovrà anco prevenirlo che ad ogni Istanza o del Reo, o del Querelante o della Parte offesa potrà sempre essere esposto a dovere {*dover*} ratificare con giuramento quello, che allora egli è per deporre alle semplici interrogazioni, che gli verranno fatte.

XI

Ogni volta che o il Reo, o qualunque altro secondo che paresse al Giudice espediente così nell'introduzione come nel {*in*} decorso della Causa, sarà obbligato per qualsisia {*qualsivoglia*} effetto a dar mallevadore, nè al Principale, nè al Mallevadore si farà prestare il Giuramento, e tanto in questo caso, quanto in vece della Cauzione giuratoria solita usarsi in defetto {*difetto*} di Mallevadore, la quale vogliamo nei Giudizi Criminali in tutto, e per tutto abolita, si riceverà la Promessa sotto l'obbligo dei Beni, e della Persona, e di più si farà al Promissore un Precetto penale proporzionato all'Affare di cui si tratterà da eseguirsi contro di esso mancando alla sua Promessa.

XII

Vogliamo che in qualunque caso e Circostanza {*in cui*} sia permesso deferirsi il Giuramento a qualunque persona per qualunque causa, debba il Giudice o Ministro processante prima di deferire il Giuramento, cerziorare le Persone sopra l'obbligo, che porta seco il giuramento, spiegandogliene l'essenza, e l'importanza, e per far maggiore impressione abolita la formalità di far semplicemente toccare un foglio, dovrà deferirsi il Giuramento inginocchioni avanti un Crocifisso, e se si tratterà di Persone di religione diversa dalla nostra, a tali Persone si farà prestare il Giuramento previa la detta Cerziorazione, secondo l'usato, ma con il più rispettato, e temuto loro rito.

XIII

E perché possa il Reo consigliatamente deliberare non tanto sull'Istanza {*su l'istanza*} del Giuramento, quanto ancora su tutto quel più, che può concernere la sua difesa, Vogliamo che resti abolita la Consuetudine di obbligare il Reo, dopo che è stato ammesso alla risposta della speciale inquisizione di dare i suoi interrogatorj ai Testimonj esaminati nell'Informativo senza essergli stati prima comunicati i loro deposti, o come dicesi a Processo chiuso; e perciò ordiniamo, che seguita la detta risposta si intenda {*s'intenda*} pubblicato il Processo, e si dia copia di tutti gli Atti fatti fin allora al Reo medesimo, o al suo Difensore, colla {*con la*} facoltà durante il termine che gli verrà accordato a fare le sue difese, di ripetere i Testimonj, e dar loro tutte le congrue e competenti eccezioni, salvo il Diritto così al pubblico querelante, come alla parte offesa di replicare, e provare quanto loro occorrerà, e converrà per giustizia.

XIV

La pubblicazione degli Atti nel modo che sopra opererà senz'altra formalità, e dichiarazione la legittimazione del Processo egualmente che la contumacia alle Citazioni, ove il Reo non sia presente.

XV

Non si rilascierà {*rilascerà*} il mandato di Cattura in tutti quei Casi ove non cade altra Pena che pecuniaria; ed in questi casi se il Tribunale averà {*avrà*} bisogno di Sentire l'Imputato a prò del Fisco, o dello stesso Imputato, dovrà farlo citare, con facoltà di trattenerlo in Carcere {*a prò del Fisco, o dell'istesso Imputato*} per il minor tempo possibile, quando ciò sia necessario per l'oggetto di chiarire il vero, e poi licenziarlo, e respettivamente abilitarlo con Mallevadore di rappresentarsi, patire, e pagare il giudicato, o in difetto di mallevadore, con la Promessa, e Precetto penale.

XVI

Se l'Imputato citato a comparire per esser sentito si renda contumace alle due citazioni, che a tal'effetto dovranno farseli con discreto Intervallo di Tempo dall'una all'altra; giusta le Circostanze potrà rilasciarsi contro di lui il mandato di accompagnatura a sue spese per inobbedienza, ed accompagnato che sia dovrà essere Sottoposto all'Esame senza il minimo ritardo.

XVII

Gli Esecutori non dovranno far {*fare*} uso del mandato che hanno dalla Legge di catturare i Delinquenti, o Trasgressori sorpresi in fatto nei Casi sopra divisati, cioè nelle trasgressioni, per le quali non sia luogo ad altra Pena che pecuniaria se non quando in difetto di Testimonj, quali talvolta possono essere gli stessi Esecutori, o della fede che ricusassero di far loro i detti Delinquenti, si rendesse altrimenti impossibile di provare il delitto, o la trasgressione. Ma se per tali ragioni occorra di procedere alla Cattura, saranno solleciti di condurgli {*condurli*} senza dilazione al Tribunale, e di subito presentare ivi contro di loro opportuna {*l'opportuna*} Querela, acciò possano colla {*con la*} maggior Celerità essere spediti.

XVIII

Ne' {*Nei*} Casi poi ove il titolo del Delitto porti a pena afflittiva, non essendo sicuro il prescrivere una regola fissa, ed invariabile sul proposito di doversi, o nò rilasciare il mandato di Cattura, si rimette al prudente, e discreto arbitrio del Giudice ciò che crederà più espediente all'Interesse della pubblica Vendetta, e al bisogno della Causa, avvertendo solo lo stesso Giudice a non rendersi troppo facile nel rilasciarlo in quei Delitti, la Pena dei quali secondo il loro titolo non eccede il Confino.

XIX

Si rimette pure ne {*nei*} detti casi al prudente, e discreto arbitrio dei {*de'*} Vicarj Regj, e Feudali in Provincia, quando il Reo si trovi in carcere, il risolvere senza partecipare al Supremo Tribunale di Giustizia, e respettivamente al Commissario della Provincia Inferiore dello Stato Senese, e all'Auditor Fiscale di Siena, le Istanze che venissero fatte per l'abilitazione del Carcerato con Mallevadore, e in difetto con la promessa, e Precetto penale; e che solo si partecipino {*parteciperanno*} per dipendere dagli ordini l'Istanze {*le istanze*} di abilitazione di quei Carcerati, che secondo il titolo del loro delitto o trasgressione sarebbero punibili di Pena di pubblici lavori [*o di morte* – Schreibversehen], ma che per difetto di Prova dovessero punirsi di Pena più mite, o si dovesse decretare per un Processo aperto, o altra simile resoluzione {*risoluzione*}.

XX

Si avverta di non sperimentare colla {*con la*} Carcere i Testimonj dati per informati di ciò che non depongono senza un legittimo riscontro della loro Scienza di quei fatti, de {*de'*} quali si mostrano ignari, e di non vessargli male a Proposito con Soverchia detenzione, e molto meno colla {*con la*} Qualità della Carcere più tormentosa.

XXI

Contro i Testimonj potrà in {*a*} dirittura rilasciarsi il mandato di accompagnatura al Tribunale senza loro spesa, quando la grave Importanza della Causa lo esiga per prevenire i raggiri, e le subornazioni in pregiudizio della Giustizia, e potranno ancora farsi accompagnare a loro Spese per inobbedienza, se dopo essere stati due volte citati con discreto intervallo di tempo secondo le Circostanze si rendessero contumaci.

XXII

I mandati di Cattura, e accompagnatura, e gli ordini per il rilascio dei Carcerati in Cause Criminali dovranno essere autorizzati dalla Firma dell'Auditore del Supremo Tribunale di Giustizia in Firenze, dell'Auditor fiscale in Siena, e dei Vicarj Regi, e feudali in Provincia, senza l'assenso respettivo de {*de'*} quali, non potrà neppure Sperimentarsi colla {*con la*} Carcere alcun Testimone.

XXIII

Nei Casi che richiedono la carcerazione del Reo pendente il Processo informativo non si tralascierà {*tralascerà*} di confrontarlo col testimone che avrà deposto contro di esso, mentre però il Giudice secondo la sua Prudenza da regolarsi massimamente dalla condizione e qualità delle Persone, non avesse un giusto motivo di non procedere ad un tal atto, ed il simile si praticherà tra due, o più complici dell'istesso delitto, quale di loro confesso, e quale negativo.

XXIV

Se parimente pendente l'Informativo il Reo avrà nominato alcun Testimone, o allegato qualche prova tendente alla sua discolpa, il Giudice sarà tenuto ex officio a far comparire un tal Testimone, ed esaminarlo, ed a prendere informazione per gli atti del processo sopra ogni altro fatto dal Reo dedotto in di lui Sgravio.

XXV

Ai Testimonj che saranno citati a {*per*} comparire tanto ad istanza, e nomina della parte, quanto ex officio non si comminerà, e molto meno si rilascierà {*rilascerà*} contro di essi il mandato di Cattura, ma bensì sarà comminata nell'atto della Citazione una multa pecuniaria proporzionata all'importare della Causa, nella qual multa in Caso di disobbedienza {*d'inobbedienza*} incorreranno ipso facto, mentre non giustificassero dentro tre giorni al più dal dì della ricevuta Citazione l'impedimento; ed oltre la multa, se si tratterà di Causa {*Cause*} e delitto, ove possa aver luogo una Pena maggiore, che pecuniaria, si faranno accompagnare a {*alla*} corte.

XXVI

La repetizione dei {*gl'*} Testimonj sopra gl'Interrogatorj {*gli interrogatorj*} del Reo, visitati, che saranno dal Giudice, ed ammessi, dovrà farsi ex officio, come anche ex officio dovranno riceversi tutte le altre difese, e senza che il Reo sia obbligato a pagarne, o depositarne la spesa, ma così di questa, come di tutte generalmente le spese processali gliene sarà dato debito, e potranno esigersi, compilati che sieno intieramente gli atti, e mandato il Processo in spedizione, secondo le veglianti tariffe, e sempre osservato il privilegio da Noi accordato ai Poveri, e miserabili.

XXVII

Resterà da quì avanti assolutamente proibito in qualunque Caso, e circostanza, e qualunque sia il delitto anche atrocissimo per cui si proceda {*procede*}, l'uso delle Prove così dette privilegiate, le quali essendo sempre irregolari, e per conseguenza ingiuste non possono esser permesse in verun Caso possibile, giacché dovendosi in tutti i delitti cercar la verità con gli {*li*} stessi mezzi, se questi non fossero abili a trovar la verità in un Caso, non lo possono essere neppure nell'altro.

XXVIII

Resta proibito l'esaminare come testimonj il Padre contro il figlio, il Marito contro la Moglie, e reciprocamente, i fratelli, e sorelle tra di loro; onde non sia neppure permesso ad alcun Giudice, o Tribunale qualunque sia la gravezza del delitto, il domandarne a Noi medesimi la dispensa, all'eccettuazione di qualunque delitto, compreso nella Classe degli Omicidj, o altri gravi delitti premeditati a danno di alcuno della famiglia, nel caso che non se ne potesse ottenere le Prove altronde.

XXIX

Incarichiamo i Giudici, e gli Attuarj Criminali ad usare tutta l'attenzione e Premura per la sollecita ultimazione dei Processi, e massimamente dei Carcerati preferendo la spedizione dei medesimi a qualunque altro affare, che avessero avanti di loro, coll'avvertenza {*con l'avvertenza*} sempre presente, oltre quella di esaminare subito il Reo venuto che sia nelle forze, che la Carcere, la quale soffrono i Rei, mentre pende il Processo, non è che per semplice loro Custodia, onde esige, che ne venga ad essi alleggerito l'incomodo non solo colla {*con la*} minor durata possibile, ma ancora per ogni altro mezzo compatibile collo {*con lo*} Stato di Rei, nel quale si trovano.

XXX

Lo stesso, ed anche maggiore {*maggior*} riguardo si avrà verso quelli, che sono trattenuti in Carcere come testimonj, o come semplicemente sospetti di alcun delitto; e quei Giudici, o Ministri, che colla {*con la*} loro negligenza rendessero vane le Nostre premure in aggravio de' Carcerati, ne renderanno strettissimo Conto a Noi medesimi.

XXXI

Per rendere meno lunga, e meno grave la Carcerazione non si differisca senza bisogno l'Esame agl'Imputati {*agli Imputati*} tosto che saranno rappresentati alla Carcere non solo sulle {*su le*} Cose generali, ma ancora sopra quel di più Speciale che all'opportunità della Causa potesse interrogarsi; si abbia tutta la Premura per la Mondezza delle Carceri; si estraggano {*estragghino*} i detenuti nelle Carceri segrete almeno una volta la Settimana, e si custodiscano {*custodischino*} in {*una*} stanza, o Carcere diversa almeno per un giorno a fine {*affine*} di ventilarle, e ripurgarle; e si osservino rigorosamente gli Ordini, che prescrivono ai giusdicenti Criminali le frequenti visite delle carceri.

XXXII

La formazione, e compilazione dei processi non dovendo avere altro oggetto, che quello di fare {*far*} costare della verità del fatto per le Vie più semplici, più spedite, e meno gravose agl'Imputati {*agli Imputati*}, restano specialmente incaricati tutti i Giudici, e Tribunali, ad avere {*aver*} sempre presente questa massima più importante del loro dovere, ed in conseguenza di procurare nella compilazione dei Processi tanto informativi, che difensivi, o siano i Rei presenti, o contumaci, la massima possibile sollecitudine, lasciando da parte quelle solennità, che nella Compilazione dei Processi fossero inutili, e di pura formalità.

XXXIII

Confermiamo colla Nostra sovrana Autorità, e con speciale determinazione l'abolizione della Tortura già da più tempo con Nostra approvazione messa in disuso nei Tribunali del Gran Ducato, non eccettuatane alcuna Specie, siccome non eccettuato verun Caso, nè veruno degli effetti, per i quali era stata nei Processi criminali per l'addietro praticata.

XXXIV

Ciascuna causa Criminale sarà portata a quel Tribunale, al quale secondo i veglianti Compartimenti appartiene; ma se avverrà che o per errore, o suggerendolo l'opportunità gli Atti del Processo in tutto, o in parte fossero stati fatti da un diverso Tribunale, non per questo sarà permesso al Reo l'allegarne la nullità per difetto di Giurisdizione, e molto meno il profittare di una eccezzione {*un'eccezione*} simile, bastando solo, che gli atti fatti in qualunque Tribunale dello Stato, ed il Reo medesimo, quando si trovasse nelle sue forze, sieno rimessi al Tribunale, e Giudice competente, il quale senza inpetrarne {*impetrarne*} la sanatoria, come per l'avanti era stato costume, potrà e dovrà valersi di tali atti non altrimenti che se fossero fatti nel suo Tribunale medesimo.

XXXV

Ed in conseguenza non sarà mai ammessa in veruno {*verun*} Caso nelle Cause criminali, come una eccezzione {*un'eccezione*} alla Validità degli atti, e della Sentenza la declinatoria del Foro, nè veruna questione, o disputa di mancanza di Giurisdizione, o di Tribunale competente, e se il Reo non avrà fatta la domanda di esser rimesso al Tribunale competente, o {*e*} se non sarà trovato opportuno di accordarglielo, saranno validi e legittimi gli atti fatti, e la Sentenza proferita nelle Regole da qualunque dei Giusdicenti dello Stato.

XXXVI

Quando accada, che un istesso {*un'istesso*} Reo per delitti commessi in diverse Giurisdizioni sia processato in più Tribunali, quello dei detti Tribunali, che il primo ne averà notizia, sarà tenuto informarne nel Dominio Fiorentino il Supremo Tribunale di Giustizia, e nel Senese l'Auditor Fiscale, ed essi avranno la facoltà di commettere tutte le Cause pendenti contro un tal Reo ad un solo Giudice, e Tribunale, quale crederanno più opportuno, affinché conosca di ciascuna delle dette cause, e tutte le decida salve le solite partecipazioni, con una sola Sentenza. Lo stesso praticheranno i predetti Giudici Superiori, se alcuna delle dette cause sarà stata introdotta nel loro Tribunale, avocando a sé tutte le altre pendenti, come sopra, contro lo stesso Reo.

XXXVII

Per costituire un Reo contumace, dovrà esser citato tre volte con termine di giorni otto per ciascheduna citazione da eseguirsi secondo il formulario che ne sarà dato, da tenersi affisso in ciaschedun' {*ciaschedun*} Tribunale, dovendo i Giudici, e gli Attuarj nello Spedire le dette citazioni a Rei, come pure le notificazioni delle Sentenze, e nel ricevere i rapporti dagli Esecutori tanto delle une {*dell'une*}, che delle altre, essere avvertiti di uniformarsi in tutto, e per tutto alle formule che saranno prescritte, altrimenti Soggiaceranno a quella mortificazione che parrà al Presidente del Buon Governo, da estendersi fin'alla {*fino alla*} Sospensione dell'Impiego.

XXXVIII

Riproviamo il sistema della passata Legislazione, per cui la contumacia del Reo, {*e*} la di lui latitazione, o assentazione dallo Stato si considerava come una Confessione, mentre riconosciamo {*riconoschiamo*} quanto sia ingiusto e fallace, e quanto facilmente il Timore di un Processo e della Carcere possa indurre alla Contumacia, ed alla fuga anco gl'Innocenti {*gli Innocenti*}; Vogliamo che in avvenire qualora il Reo non sia comparso alle Citazioni, la sua Contumacia si abbia non più che per un semplice Indizio da potersi congiungere colle {*con le*} altre Prove, che si fossero acquistate della di lui reità, e così farne uso dal Giudice nel sentenziare, non altrimenti che di un indizio, il quale militasse contro un Reo presente, ed il processo si farà contro il Reo assente nelle forme solite senza diversità di Prove come contro qualunque Reo presente.

XXXIX

Nella Sentenza, che sarà proferita contro il Reo contumace, dovrà sempre apporsi un riservo di giorni quindici a comparire, e difendersi, nel qual termine se comparirà, si avrà come se fosse comparso alle Citazioni, e così resterà purgato l'indizio della sua Contumacia; la Sentenza rimarrà circoscritta, ed egli sarà ammesso a fare tutti quelli {*quegli*} atti per la sua difesa, e si avranno per esso tutti quei riguardi, che sono stati spiegati di sopra in ordine al Reo presente fin dal principio del Processo informativo, per dovere in seguito esser risoluta la di lui Causa con una nuova Sentenza.

XL

Ma se spirato il Termine del riservo il Reo persevera nella sua Contumacia, la sentenza già proferita avrà forza di definitiva, all'effetto specialmente d'interrompere la Prescrizione del Delitto per cui sarà stato condannato, sicché quella non possa mai, nè in alcun caso esser di ostacolo all'Esecuzione, che dovrà avere tal Sentenza contumaciale, e che per altro avrà nel modo, e con le dichiarazioni che appresso.

XLI

Se la condanna sarà stata pecuniaria, ed il Reo comparirà dentro sei mesi dal dì della Notificazione della Sentenza, goderà per difendersi da tal condanna dei benefizj accordati come sopra a chi comparisce nel riservo, spirato il detto termine di sei Mesi, e non essendo comparso si eseguirà la Pena fiscale, nè il Reo potrà essere altrimenti ascoltato.

XLII

Se poi si tratterà di Pena afflittiva di Corpo, la Sentenza contro l'assente, e la sua esecuzione rimarranno in Sospeso, dimodoché in qualunque tempo il Reo o comparisca spontaneamente, o sia arrestato, Sarà ammesso dopo gli opportuni Costituti, e la risposta all'Inquisizione a tutti quelli atti di difesa, ai quali sono ammessi i Rei presenti, ed il Giudice confermerà, o modererà, o revocherà la Sentenza già emanata in Contumacia, secondo quello che richiederà lo stato attuale della Causa, rimossa {*remossa*} come sopra ogni eccezione di Prescrizione.

XLIII

Quanto però al privato interesse della Parte offesa qualunque sia la Pena in cui il Reo contumace sarà stato condannato, o Pecuniaria, o afflittiva di Corpo, passati tre Mesi dal dì della Notificazione della sentenza senza che il Reo siasi reso presente, potrà l'offeso previa l'opportuna liquidazione, farla eseguire per Via giuridica sopra i Beni, e la Persona ancora del condannato, nè da tale esecuzione competerà rimedio veruno, se non in quanto per la Parte di esso condannato si volesse mostrare eccedente i limiti di quella giusta indennizzazione, della quale la Sentenza lo avrà fatto debitore.

XLIV

Per l'istesso effetto, e per ogni altro legal {*legale*} riguardo spirato, che sarà il termine del riservo da apporsi, come sopra in ogni sentenza contumaciale, dovranno essere inventariati tutti i beni del condannato per dovere star soggetti a quella soddisfazione {*sodisfazione*}, alla quale daranno luogo le Circostanze di sopra Spiegate, escluso però sempre ogni acquisto di diritto al fisco per l'universale Incorporo dei detti Beni inventariati.

XLV

Abbiamo considerato quanto sia ingiusta in qualunque Circostanza, ed in qualunque delitto, che dar si possa anche atrocissimo, la Confiscazione dei Beni, la quale si vede tanto frequentemente introdotta nella Legislazione criminale, non solo in tutti quei Delitti, nei quali con una fallace estensione si è immaginato di interessarvi {*d'interessarvi*} la Lesa Maestà, ma molte volte ancora nelle trasgressioni alle Leggi di finanze, e contrabbandi; e disapprovando un sistema introdotto forse più per avidità di impinguare {*d'impinguare*} il fisco, che per le vedute di ben pubblico, mentre la Persona del Reo è la sola che per soddisfare {*sodisfare*} al delitto è soggetta alla Legge, ed alla Pena, e {*ed*} i di lui beni non possono esser giustamente obbligati che per la refezione dei danni di ragione dovuta a chi li ha sofferti, o per qualche multa pecuniaria nei casi, nei quali non giunga l'Afflittiva, riguardiamo la Confiscazione dei Beni che il più delle volte non ferisce che l'innocente famiglia, e gli Eredi del Delinquente come una vera violenza, e appropriazione illegittima, che fa il Governo della Proprietà delle sostanze altrui. In conseguenza di queste Considerazioni ed in aumento del {*dei*} Motuproprio de {*Motupropri de'*} 10 Ottobre 1780 {*e 24 Marzo 1781*}, col quale {*con i quali*} erano state nella massima Parte moderate e corrette le Leggi imponenti la Suddetta Confiscazione, Comandiamo che resti affatto tolta ed abolita dal genere delle Pene in qualunque Caso la confiscazione dei Beni, e che non se ne possa fare uso giammai in veruno dei Nostri Tribunali, nè per qualunque Delitto atrocissimo che fosse.

XLVI

E siccome abbiamo considerato che quanto è dovere essenziale del Governo il prevenire i Delitti, il perseguitarli, e castigarli, altrettanto lo è di pensare ad indennizzare non solo i dannificati dai delitti dei Rei, quanto ancora quelli Individui, i quali per le Circostanze dei Casi, o certe Combinazioni fatali si saranno trovati senza dolo o Colpa di alcuno Sottoposti ad esser processati Criminalmente, e molte volte ritenuti in Carcere, con pregiudizio del loro Decoro ed interesse, e di quello della loro famiglia, e saranno poi stati riconosciuti innocenti, e come tali assoluti, così avendo Noi già provveduto col Patrimonio pubblico per Supplire alle Spese di giustizia che prima pagavansi al {*dal*} fisco in Parte col prodotto della Confiscazione dei Beni, e Pene pecuniarie, Vogliamo che venga formata una Cassa a parte sotto {*la*} Direzione del Presidente del Buon Governo nel Dominio fiorentino, e nel Senese dell'Auditor fiscale di Siena, nella quale debbano colare tutte le multe, e Pene pecuniarie di tutti {*i*} respettivi Tribunali dello Stato, e della quale ne renderanno Conto a Noi di anno in anno. Da questa Cassa, per quanto si estenderanno i suoi assignamenti {*assegnamenti*}, dovranno indennizzarsi tutti quelli, che danneggiati per Delitti altrui, dal Delinquente, da cui il danno è loro derivato, non possono ottenere il risarcimento per mancanza di Patrimonio, o per fuga; e tutti quelli, i quali senza dolo o colpa di alcuno (giacché in questo Caso chi averà {*avrà*} commesso il dolo o la colpa, sarà tenuto esso ad indennizzarli) ma solo per certe combinazioni fatali o disgrazie {*disgraziate*} saranno stati processati, carcerati e poi trovati innocenti, e come tali assoluti, purché nell'uno e nell'altro di questi casi abbia il Giudice dichiarato doversi questa Indennizzazione, e in quella Somma che averà {*avrà*} liquidata e tassata, e purché inoltre dove vi è il Reo, o debitore dichiarato della detta Indennizzazione, il dannificato faccia costare di avere usate tutte le diligenze per essere dal di lui Patrimonio soddisfatto {*sodisfatto*}.

XLVII

Per la stessa ragione di non volere assolutamente che il Nostro fisco giammai profitti dei disordini meritevoli di Punizione, e perché ancora riconosciamo {*riconoschiamo*} come un assurdo intollerabile l'abuso introdotto che le Pene afflittive decretate dai Giudici si possano redimere dai Rei con pagare una Somma di danaro {*denaro*} al fisco, Vogliamo che da quì avanti resti abolito questo abuso, e proibita ogni e qualunque Convenzione col Fisco, mediante la quale il Condannato possa ottenere Condonazione, Minorazione, o {*e*} Permutazione di Pena da afflittiva in Pecuniaria.

XLVIII

Qualunque sia il Delitto, e per qualunque mezzo sia venuto a notizia del Giudice o Tribunale, dovranno esattamente osservarsi nel procedere le Regole di sopra prescritte, ed ogni Processo criminale si dovrà terminare con una formal Sentenza, non dovendosi per verun Caso nè verun delitto anche atrocissimo mai escire dalle forme solite di procedere, nè infliggersi verun Castigo anche per Cosa di pura Pulizia a veruna Persona senza prima averli contestato le sue mancanze e sentito {*sentite*} le sue discolpe.

IL

Non potranno farsi perciò sotto verun titolo atti Segreti o Camerali, su dei quali si presumesse di prendere contro qualcheduno qualsivoglia risoluzione benché stimata di leggiero momento, sicché quando ancora dal Presidente del Buon Governo, o dal Governatore di Livorno, o da qualunque altro Giusdicente, o Magistrato come Ministro di Pulizia fosse giudicato a proposito per migliore e più accertata Informazione de {*de'*} fatti ad esso rapportati di Sentire testimonj, e ricevere i loro deposti in scritto, di tali deposti, e molto meno di qualunque rapporto non potrà farsi alcun uso in aggravio altrui, e neppure sotto il Pretesto d'impedire qualche futuro disordine, se prima non sarà stato il tutto contestato alla Persona che si volesse castigare, e datole luogo a giustificazione, ed a portare le sue discolpe pettoralmente davanti il Ministro, il quale potrà allora secondo il prudente suo discernimento risolvere quello che crederà più espediente, e ferme stanti nel rimanente, ed osservate nei Casi sopra espressi le respettive facoltà secondo quello che sarà dichiarato in appresso ai nominati Ministri in affari di Polizia.

L

In tutte le Cause criminali dovrà deputarsi ex officio un Difensore all'imputato povero o miserabile in quei luoghi dove non sia stabilmente destinato l'Avvocato dei Poveri Rei, e quando lo stesso Imputato manchi del suo particolar Difensore; ed al detto Difensore si dovrà comunicare la Copia degli atti, e darlisi Comodo di conferire col medesimo Imputato, ancorché sia Carcerato, onde possa rilevare i lumi per la di lui difesa. E quando ne faccia il Carcerato l'Istanza, non li si neghi di parlare con i Testimonj che averanno diposto {*deposto*} contro di lui, ed interrogarli presente però il Giudice o Ministro processante; il che si osserverà indispensabilmente anco quando conferisca col suo Difensore, se ciò sarà quando il Reo è detenuto ancora in Segrete.

LI

Abbiamo veduto con orrore con quanta facilità nella passata Legislazione era decretata la Pena di morte per delitti anco non gravi, ed avendo considerato che l'oggetto della Pena deve essere la Soddisfazione {*sodisfazione*} al Privato e {*ed*} al Pubblico danno, la correzione del Reo figlio anche esso della Società e dello Stato, della di cui emenda non può mai disperarsi, la Sicurezza nei Rei dei più gravi ed atroci Delitti che non restino in libertà di commetterne altri, e finalmente il Pubblico esempio; che il Governo nella Punizione dei Delitti, e nel Servire agl'oggetti {*agli oggetti*}, ai quali questa unicamente è diretta, è tenuto sempre a valersi dei mezzi più efficaci col minor male possibile al Reo; che tale efficacia e moderazione insieme si ottiene più che colla {*con la*} Pena di morte, colla {*con la*} Pena dei Lavori pubblici, i quali servono di un esempio continuato, e non di un momentaneo terrore che spesso degenera in compassione, e tolgono la possibilità di commettere nuovi Delitti, e non la possibile speranza di veder tornare alla Società un Cittadino utile e corretto; avendo altresì considerato che una ben diversa legislazione potesse più convenire alla maggior dolcezza e docilità di costumi del presente Secolo, e specialmente nel {*del*} Popolo Toscano, Siamo venuti nella determinazione di abolire, come abbiamo abolita {*abolito*} colla {*con la*} presente Legge per sempre la Pena di Morte contro qualunque Reo, sia presente, sia Contumace, ed ancorché confesso e convinto di qualsivoglia delitto dichiarato Capitale dalle Leggi fin quì promulgate, le quali tutte vogliamo in questa Parte cassate {*cessate*}, ed abolite.

LII

Resta in conseguenza e tanto più proscritto ed abolito il barbaro, e detestabile abuso della facoltà concessa da alcuna delle dette Leggi a ciascheduno di ammazzare impunemente e con promessa di un premio i Banditi in Contumacia per detti Capitali delitti; Volendo che riguardo a qualsisia Contumacia si osservi quanto è stato ordinato di sopra, e specialmente all'Articolo 42 {*all'Art. XLII*}, e cassata pure ed abolita ogni altra non meno barbara ed ingiusta disposizione già vegliante nel Gran Ducato, e specialmente per la Legge de {*de'*} 31 Ottobre 1637 detta del Compendio contro i pretesi assassini, o altri facinorosi ivi nominati che obbligava ognuno a perseguitarli ed ucciderli, anche non processati, nè condannati, ma solo Sospetti e vociferati per tali, benché nel tempo del Nostro Governo non ne sia stata mai permessa l'esecuzione.

LIII

E dovendo i Rei dei capitali e gravi delitti rimanere in vita per compensare le loro Opere malvagie con delle utili, Ordiniamo che alla abolita Pena di Morte sia sostituita come ultimo Supplizio per gli Uomini la Pena dei pubblici lavori a Vita, e per le Donne dell'Ergastolo parimente a Vita, abolendo onninamente il Costume di accordare ai Condannati alla detta Pena dei pubblici lavori a Vita dopo averla sofferta per lo Spazio di trent'anni di poter supplicare per la loro quasi dovuta liberazione.

LIV

Con Nostro Editto fù già abolita la Pena del Bollo imposta per la Legge del dì 6 febbrajo 1750, e con ordine Speciale diretto ai Nostri Giudici e Tribunali restò parimente abolita la Pena di Corda, o tratti di Fune tanto familiari nelle antiche Leggi del Granducato. Confermando pertanto queste Nostre Disposizioni proibischiamo ai Nostri Giudici e Tribunali l'uso di tali Pene tanto per affari di Giustizia ordinaria, quanto per Cose di Polizia, e perciò oltre la demolizione delle Forche ovunque si trovino, Comandiamo che non si tengano altrimenti esposte alla pubblica Vista, ma che si levino da tutti i Pretorj le Corde e Carrucole. E poiché in più e diversi statuti delle Città del Gran Ducato trovasi vegliante e prescritta per certi Delitti la barbara ed inumana Pena di mutilazione di membra, quantunque già da molti anni andata in disuso, Cassiamo, ed Annulliamo in questa Parte, ed in quanto facesse di bisogno i detti Statuti, e qualunque altra Legge imponente tali Pene.

LV

Le Pene nelle quali potranno da quì avanti dai Nostri Giudici e Tribunali condannarsi i Delinquenti, Saranno le seguenti:

Pene Pecuniarie.

Staffilate in privato.

Carcere purché non passi il termine di un anno.

Esilio dalla Potesterìa, e tre miglia attorno.

Esilio dal Vicariato, e cinque miglia attorno.

Confino a Volterra e Suo territorio.

Confino nella Provincia Inferiore.

Confino a Grosseto.

Esilio da tutto il Gran Ducato, il quale per altro non averà {*avrà*} luogo che per quelli che avessero ottenuto {*ottenuta*} l'impunità nello Scoprire {*scuoprire*} i Socj, per i Vagabondi, Ciarlatani, Questuanti forestieri, e generalmente per tutti i Delinquenti Forestieri e per i Calunniatori.

Gogna senza esilio.

Gogna con esilio.

Frusta pubblica.

Frusta pubblica sull'asino.

Ergastolo per le Donne dallo Spazio di un anno fino a Vita, tutte e ciascheduna, rapate, ed obbligate a quei lavori, ai quali potranno essere adattate, e le Condannate a Vita con abito diverso, e con Cartello cucito al detto abito, in cui si legga *ultimo Supplizio*.

Lavori pubblici per gl'Uomini {*gli Uomini*} per tre, cinque, sette, dieci, quindici, e venti anni, ed a Vita.

La Pena dei pubblici lavori averà {*avrà*} congiunto il Cartello, in cui Sarà espresso il titolo del Delitto, e da dieci anni in sù, e per i recidivi di fuga potrà il Giudice secondo la qualità di {*dei*} Casi aggiungervi l'anello tondo al Piede. Ed essendo a Vita, Pena riservata per i Delitti capitali, averà {*avrà*} il

Condannato oltre l'anello tondo, o {*e*} una doppia Catena l'abito di colore e taglio, che lo distingua da tutti gli altri Forzati, Piedi nudi, sarà impiegato nei travagli più duri e faticosi, e porterà Scritto nel Cartello esprimente il titolo del suo Delitto *ultimo Supplizio*.

LVI

Ai Ministri incaricati della Polizia, che sono i quattro Commissarj della Città di Firenze, i Vicarj dei Tribunali delle Città di Pisa, e {*di*} Siena, ed i Vicarj di tutti i Tribunali Criminali dello Stato, si rilascia la facoltà di potere {*poter*} condannare per trasgressioni, e Delitti di Polizia economicamente alla Carcere da poche ore fin {*fino*} a tre giorni a Pane ed Acqua, con che però devino render conto nei rapporti loro Settimanali dei motivi, e ragioni che hanno avuto al Presidente del Buon Governo, all'Auditor Fiscale di Siena, ed al Commissario della Provincia Inferiore, i quali invigileranno che non seguano abusi. I Ministri Superiori di Polizia, cioè il Governatore di Livorno, il Presidente del Buon Governo, l'Auditor Fiscale di Siena, ed il Commissario della Provincia Inferiore, potranno condannare in Pene pecuniarie fino alla Somma di Lire cento, alla Pena della Carcere, purché non oltrepassi il termine di un Mese, alla Casa di Correzzione, alle Staffilate da darsi in privato, all'esilio dal luogo, e cinque miglia attorno, purché l'esilio non ecceda il termine di sei mesi, ed all'esilio da tutto il Gran Ducato per i Forestieri, e vagabondi, purché però in tutti questi Casi ne siano formati gli atti come all'Articolo 49 {*all'Art. IL*}, e salvo sempre per chi si Sentisse aggravato da tali risoluzioni il ricorso a Noi, o sivvero la facoltà di domandare che l'affare sia esaminato per mezzo di un Processo formale, nel qual caso Sospesa l'esecuzione della Condanna economica dovrà starsi a quello che coll'esito {*con l'esito*} di detto Processo sarà risoluto.

LVII

Considerando Noi che le azioni degl'Uomini {*degli uomini*} sono personali, e che nessuno può esser tenuto legittimamente per le azioni dei suoi Parenti, Vogliamo che nessuna delle dette Pene rechi il minimo danno, discredito, Macchia, o disonore ai Parenti del Condannato, i quali anzi Vogliamo, e dichiariamo, che nonostante ancora la più Stretta Congiunzione di Sangue col Delinquente siano mantenuti a tutti gli effetti non solo nella buona Opinione, che si saranno meritata presso il Pubblico, ma ancora in tutte le Prerogative proprie delle loro Persone, dignità, impieghi, e Capacità di qualunque grado o promozione, a cui potessero, come potranno aspirare, e {*o*} giungere, secondo il merito loro personale, che come di ogni altro buon Cittadino sarà sempre da Noi alle occorrenze considerato.

E similmente tutti quelli i quali saranno stati condannati ad una Pena riguardata per il passato come infame, quando avranno consumata la loro Pena, non potranno esser considerati per verun effetto {*verun'effetto*} più come infami, nè da alcuno esserli {*essergli*} mai rimproverato il loro passato Delitto, il quale dovrà considerarsi pienamente espiato, e purgato colla {*con la*} Pena, che averanno {*avranno*} subìto, per non toglierli, o difficultarli il mezzo di procacciarsi onestamente da vivere in quella Società, la quale come membri, e figli corretti gli ha di nuovo ricevuti nel suo seno.

E considerando Noi quanto sia contrario ai principj di qualunque Società, che o per legge, o per abuso introdotto nell'Opinione del pubblico venga considerato qualche Ceto di Persone, o arte, o mestiere per infame, e specialmente quello degli Esecutori di Giustizia necessarj per il Servizio dei Tribunali, e per il mantenimento del buon Ordine, Vogliamo che da quì avanti resti tolto intieramente quest'abuso, e che a tutti gli effetti civili, e specialmente a far testimonianza nei Tribunali venghino ugualmente ammessi, come tutte le altre Persone, e godino ugualmente di quei Diritti, che in genere competono a qualunque Membro della Società, non dovendosi mai considerare altre eccezioni che quelle, che provengono dalla Condotta personale degl'Individui {*degli individui*}, e non potrà mai da nessuno essergli rimproverata la loro Condizione, nè data per questo Special titolo eccezione alcuna.

LVIII

La Comminazione in Caso d'Inosservanza dell'esilio dalla Potesteria, sarà l'esilio per altrettanto tempo dal Vicariato, dell'esilio dal Vicariato il confino a Volterra, del confino a Volterra il confino nella Provincia Inferiore di Siena, del confino nella Provincia Inferiore di Siena il confino a Grosseto, del confino a Grosseto se la condanna sarà stata minore di cinque anni il doppio del tempo dichiarato nella detta Condanna, computato però quello che avanti la trasgressione fosse stato osservato; ed essendo stata di Cinque o più anni il dover Servire per tre anni ai pubblici lavori; e la stessa Comminazione di tre anni di pubblici lavori avrà l'inosservanza dell'esilio da tutto il Gran Ducato, o sia a tempo, o sia perpetuo colla {*con la*} rinnovazione del detto esilio, mentre sia perpetuo, dopo consumata la Pena dei pubblici lavori.

E le dette Pene comminate come sopra in caso d'Inosservanza, mentre il Giudice non trovi ragion di scusa, onde il Reo debba per giustizia esserne assoluto, saranno irremissibilmente eseguite, ancorché si tratti della prima inosservanza, nè saranno da quì avanti accettate Suppliche per la remissione in buon dì a prender {*prendere*} l'esilio, o il confino una volta che sia stato rotto.

LIX

L'Esposizione del Reo sulla {*su la*} Porta del Pretorio, che a forma del Motuproprio del dì 21 Settembre 1782 deve precedere l'esecuzione delle Pene ivi dichiarate, avrà luogo in avvenire, e si praticherà negli appresso Delitti.

Violenza pubblica.

Sedizione, e Perturbamento del buon ordine del Governo, e della Società.

Abuso di Autorità pubblica.

Calunnia.

Omicidio premeditato di ogni genere.

Omicidio Semplice, che abbia meritato una pena maggiore di Cinque anni di pubblici lavori.

Resistenza agli Esecutori di Giustizia con forza d'arme, o di gente, ancorché non sia seguita offesa nella Persona dei {*di*} detti Esecutori, nè l'esimizione del Reo.

Ogni Specie di Violenza fatta ad un Privato per qualsisia fine, per la quale vi sia stato luogo ad una pena non minore di Confino, se pure non si trattasse di offesa fatta in rissa.

Incendio doloso.

Lenocinio.

Falsità di ogni specie.

Furto tanto qualificato che semplice, e borsajoli.

Falsa moneta.

Fallimento doloso.

Truffa con dolo a Principio.

Stellionato.

Fraudata Amministrazione.

Scrocchio, usura, o altro Contratto illecito.

LX

E venendo all'applicazione delle Pene annoverate di sopra chiunque con empio fine ardisse profanare i divini Misteri {*Misterj*}, disturbando le Sacre funzioni con Violenza, o altrimenti commettesse delle empietà {*dell'empietà*} pubbliche, e chi insegnasse pubblicamente massime contrarie alla Nostra Santa Cattolica Religione, verso la quale abbiamo sempre nutrito, e nutriremo perpetuamente costante l'Amor Nostro, ed il Nostro Zelo, Vogliamo che come Perturbatore dell'ordine, con cui si regge, e tranquilla mantiensi la Società, e nemico della Società medesima, sia punito col massimo, e più esemplare rigore, nè mai con minor Pena dei pubblici lavori a tempo o a Vita secondo le Circostanze del Caso.

LXI

Le Bestemmie, le quali l'esperienza ha fatto, e fa conoscere, che procedono da Ignoranza, ed insieme da una alterazione {*un'alterazione*} di mente, o da un subitaneo impeto di Collera, o dall'abuso del Vino, in somma da un animo {*un'animo*} diretto a tutto altro {*tutt'altro*} che a fare Ingiuria alla Divinità, o alla Religione, quando non siano ripetute, formali, ed ereticali, nel qual caso avrà luogo l'articolo precedente, saranno punite economicamente con Carcere, o con altro Castigo confaciente {*confacente*} alle leggi di Polizia.

LXII

Ordiniamo che siano {*sieno*} tolte, e cassate tutte le Leggi, che con abusiva estenzione {*estensione*} hanno costituito, e moltiplicati dei {*i*} Delitti detti di Lesa Maestà come provenienti nella maggior Parte dal Despotismo {*Dispotismo*} dell'Impero Romano, e non tollerabili in veruna ben regolata Società. Ed a togliere un tale abuso, abolito ogni special titolo di Delitto di così detta Lesa Maestà, abolite come già si è prescritto generalmente di sopra all'Articolo 27 {*all'Art. XXVII*} tutte le Prove privilegiate anco in materia di simili delitti, ed abolita affatto la Criminalità in tutte quelle azioni, che in sé non delittuose, lo sono diventate in questa materia solo per la legge, tutte le altre dovranno considerarsi come delitti ordinarj nella loro Classe respettiva, più o meno qualificati secondo le Circostanze, cioè furti, Violenze ec., e come tali Castigarsi, non considerata la Gravezza maggiore aggiuntavi dalla Legge col Pretesto della Lesa Maestà.

Ed in Conseguenza tutte le Violenze in qualunque modo commesse, o attentati contro la Sicurezza, libertà, e tranquillità del Governo, non eccettuatane veruna, Vogliamo che siano considerate del genere delle Violenze pubbliche, e come tali punite con quei gradi di Pena, che l'atrocità maggiore, o minore della Violenza usata richiederà fino all'ultimo Supplizio.

LXIII

Ma se si tratterà di Libelli, o piuttosto Cartelli contenenti semplici maldicenze, come pure di maldicenze verbali parimente contro il Governo, suoi Magistrati, e Ministri, cose degne più di disprezzo, che di essere Vendicate colla {*con la*} Sanzione di una legge, potrà farsene rapporto al Presidente del Buon Governo nello Stato Fiorentino, e nel Senese all'Auditor Fiscale, i quali (persuadendoci, che se saranno attaccati loro medesimi sapranno non ne fare alcun Conto) posto in chiaro l'Autore gli daranno quell'avvertimento o quella mortificazione, che crederanno sufficiente a correggerlo, e farlo ravvedere, ben inteso però, che se la Contumelia sarà fatta ai Giudici, o altri Ministri nell'atto di esercitare il loro Uffizio {*Ufizio*}, non sarà permesso di dissimularla, anzi Vogliamo, che presane cognizione nelle forme, e tanto a querela del privato, che del pubblico Accusatore, ed ex officio il Delinquente sia condannato a misura del di lui trascorso in quella Pena, che al Giudice parrà di doverli decretare, e sempre ad una pubblica ritrattazione {*retrattazion*} dell'ingiuria.

LXIV

Perché poi degl'antedetti {*degli antedetti*} disordini non nasca occasione alcuna dalla parte de {*dei*} Nostri Giudici, Ministri, ed Impiegati di qualunque grado, e condizione siano, siccome per ogni altro troppo giusto, ed importante fine, Determiniamo, che se alcuno dei detti Giudici, Ministri, ed Impiegati, ciocché peraltro abbiamo tutti i motivi di credere lontanissimo dall'accadere, trascendendo i limiti, o altrimenti abusando del pubblico ministero, Uffizio {*Ufizio*}, o Impiego affidatogli, si varrà dolosamente dell'autorità, o del maneggio del di lui Ministero, Uffizio {*Ufizio*}, o Impiego per fare a chicchessia {*chichessia*} qualsivoglia Specie d'Ingiustizia e di torto, e massimamente a Vedove, Pupilli, ed altre miserabili persone, come ancora per favorire un Reo conosciuto, sarà non solo privato di quel Posto, ed insieme inabilitato ad ogni altro Uffizio {*Ufizio*}, ma ancora condannato come reo di Violenza pubblica a forma del prescritto all'Articolo 62 {*all'Art. LXII*}, essendo questa la vera, e maggiore offesa, che possa farsi alla Società, ed al Sovrano, che ne è Capo, e regolatore.

LXV

Con egual rigore saranno puniti quelli, che con regali, già tutti, e indistintamente da Noi proibiti, o con altri mezzi indiretti avessero corrotto i detti Giudici, Ministri, ed Impiegati o in altra forma fossero complici dei loro abusi come sopra.

LXVI

E perché la calunnia non solo offende, e danneggia il Calunniato, ma contiene ancora in se stessa l'inganno, e l'ingiuria, che si fà al Governo, il quale avendo per principale suo Scopo la retta amministrazione della giustizia, troppo riman deluso, qualora si voglia temerariamente farlo servir di mezzo all'iniquità, chiunque o sia privata, o pubblica persona, o abbia il pubblico Uffizio {*Ufizio*} di querelare {*Querelante*} mentirà scientemente in aggravio altrui con falsi ricorsi, false delazioni {*relazioni*}, e querele, sarà condannato ad essere pubblicamente frustato, ed ancorché Suddito esiliato in perpetuo dai Nostri Stati, senza attendere, se la falsa imputazione sia stata di un tal Delitto, che per se medesimo porterebbe a Pena minore; riservato in oltre l'arbitrio a chi dovrà giudicare, di aggravare la Condanna, secondo la qualità dei Casi fino ai pubblici lavori a Vita, e nell'istessa Pena incorreranno gl'Istigatori {*gli Istigatori*}, e quei testimonj, che o con precedente macchinazione, e di concerto col Calunniatore, o per privato loro odio, o per altro malizioso fine avranno attestato il falso contro l'innocente imputato.

LXVII

Gli Omicidj premeditati, nella Classe dei quali sono pure gl'Infanticidj {*gli Infanticidj*}, Venefizj, e gli altri tutti che diconsi qualificati, saranno sempre considerati come delitti atrocissimi, e perciò irremissibilmente puniti colla {*con la*} Pena da Noi stabilita per ultimo Supplizio, previa un ora {*un'ora*} di Gogna, ed all'istessa Pena saranno soggetti i Mandanti, gli Ausiliatori, gli Assistenti, ed ogni altro che deliberatamente avrà cooperato a tali Omicidj.

LXVIII

Negli Omicidj commessi in rissa, e in tutti gli altri occasionati da una Causa non preveduta potrà il Giudice ancorché si tratti dell'Autore della rissa, o provocante, diminuire la Pena indicata, e se si tratterà del {*di*} Provocato, la Pena sarà sempre più mite a misura dell'eccesso; lasciando del {*nel*} rimanente alla disposizione di ragione quei che saranno commossi {*commessi*} a necessaria difesa, e col moderame della incolpata {*dell'incolpata*} tutela, i meramente colposi, e fuori dell'intenzione.

LXIX

Non saranno però giammai scusati dal pieno rigore della Pena quelli {*quegli*} Esecutori che per arrestare qualche Delinquente, o trasgressore trovato in fragranti, o contro di cui vegliasse il mandato di Cattura lo feriscono o ammazzano, ma se risulterà dagli atti del Processo che il Delinquente o trasgressore abbia con forza resistito, in tal Caso la qualità della resistenza sofferta dagl'Esecutori {*dagli Esecutori*} darà luogo alla minorazione della Pena, o anche all'assoluzione, mentre le Circostanze del fatto così richiedessero.

LXX

Ogni offesa poi che venisse fatta ai predetti Esecutori col fine di resistere ai medesimi, ed impedire l'uffizio {*l'Ufizio*} loro sarà severamente castigata, da estendersi la Pena fino ai lavori pubblici come pure secondo le Circostanze del Caso sarà punita la forza usata anche senza offesa degli Esecutori per sottrarsi, o per esimere altri dalle loro mani, colla {*con la*} dovuta Considerazione all'effettuata, o non effettuata fuga, o esimizione, e saranno anche rigorosamente puniti secondo i casi e le Circostanze tutti quelli, i quali insultassero, o provocassero gli Esecutori di Giustizia nell'atto di eseguire le loro incumbenze o sia l'affare civile, o Criminale, e molto più coloro che animassero il Popolo contro di loro, o incoraggissero i Rei e le Parti a tentare un'esimizione, o a deludere gli ordini, dei quali dal Giudice o Tribunale vien loro commessa l'esecuzione.

LXXI

Quelle madri, che avranno procurato l'aborto del feto da sé concepito, ed i Complici del loro misfatto, siccome quei che avessero fatto alle medesime alcuna sorta di Violenza, o usato altro mezzo col reo fine di farle abortire, se sarà seguito l'effetto, e resterà concluso esser derivato l'aborto dall'opera di chi lo ha procurato, subiranno la Pena ordinaria delli omicidarj, dichiarata all'Articolo 67 {*all'Art. LXVII*}.

Se poi non seguisse l'aborto, o seguito rimanesse in dubbio, se ne sia stata la cagione il fatto a quello diretto, la Pena come di delitto attentato sarà per le Donne la carcere a tempo, e per gli uomini l'esilio, o il confino parimente a tempo; nè sarà considerato che come omicidio colposo, se alcuno perquotendo {*percuotendo*} una Donna, o dandole per imperizia qualche cibo, o bevanda, o medicamento, le avesse cagionato fuori della sua intenzione l'aborto.

LXXII

Le ferite fatte con arme di qualunque Specie con premeditazione saranno punite con Pena afflittiva di Corpo fino ai pubblici lavori inclusivamente, e costando, che il feritore avesse l'animo di uccidere, la Pena sarà sempre dei pubblici lavori; se poi saranno fatti {*fatte*} in rissa con arme atta ad uccidere, quando la ferita sarà grave benché non pericolosa, si punirà sempre con pena afflittiva ad arbitrio del Giudice; e per tutte le altre offese leggiere, o fatte senz'arme si puniranno con Pena pecuniaria secondo la qualità di esse dalle Lire venticinque fino in Lire dugento.

LXXIII

Saranno parimente punite con Pena pecuniaria oltre la Condanna alla pubblica ritrattazione, mentre però l'ingiuriato ne abbia fatta speciale Istanza, le Ingiurie tanto verbali che Scritte, se pure non si trattasse di Cartelli, nei quali venissero obiettate delle speciali azioni turpi ed infamanti, nel qual Caso la condanna potrà estendersi secondo le circostanze del Caso a Pena di Carcere, esilio, o {*e*} confino ad arbitrio del Giudice.

LXXIV

Il furto semplice che giustamente non si può annoverare tra i Delitti capitali, ancorché magno, e replicato, se non passerà il valore di Scudi cinquanta, sarà punito con Pena minore dei pubblici Lavori secondo la Classazione dichiarata all'Articolo 55 {*all'Art. LV*}, ed avuto riguardo al maggiore o minore importare del medesimo dentro la Somma suddetta di Scudi Cinquanta; ma se passerà la detta Somma, sarà sempre la Pena dei pubblici lavori a tempo da regolarsi secondo l'importare del Furto dall'infimo grado di anni tre fin agl'anni {*fino agli anni*} venti, e per le Donne la corrispondente Pena dell'Ergastolo.

LXXV

Nei Furti qualificati da scasso, scalamento, o chiave falsa, Furti domestici, in quelli commessi da Borsajoli, nelli {*negli*} Abigeati, nel Peculato, e nei Furti ancora che si commettessero in occasione di qualche Incendio, Rovina, o

Naufragio, basterà per andar {*andare*} alla Pena dei pubblici Lavori dichiarata di sopra che il valore arrivi a scudi venticinque.

LXXVI

Se si tratterà di violenza che non ecceda i termini di Semplice Rapina, o semplice concussione, averà {*avrà*} luogo la detta Pena dei pubblici lavori, qualora il valore del tolto passi le Lire cinquanta.

LXXVII

Ma se la rapina sarà commessa in vie pubbliche o con offesa della Persona violentata benché senz'arme, per incorrere nella Pena dei pubblici Lavori servirà che il tolto arrivi alle Lire dieci, e se sarà commessa con arme, o con qualsivoglia altro Istrumento {*istromento*} atto ad offendere, la Pena dei pubblici Lavori, nella quale in questo Caso dovrà il Reo esser condannato senza Riguardo ad alcuna prefissione di Somma, potrà estendersi secondo le Circostanze fino a quella dell'ultimo supplizio inclusivamente.

LXXVIII

Il furto propriamente sacro dei vasi consacrati al Culto divino commesso in Chiesa sarà sempre considerato come furto qualificato, e perciò compreso nel disposto di sopra all'Articolo 75 {*all'Art. LXXV*}.

LXXIX

Colle {*Con le*} stesse regole fissate per la punizione del furto semplice si procederà nelle truffe con dolo a principio, nello stellionato, e nella fraudata amministrazione, e quanto al fallimento doloso si osserverà la regola prescritta per il furto qualificato.

LXXX

Avendo presa in Considerazione la materia delli Scrocchi, male a cui le Leggi dello Stato o non bene intese, o eluse, o non osservate non hanno potuto riparare, e che nel tempo stesso non lascia di esser di rovina dei Patrimonj, Incitamento del Vizio, e quindi sommamente dannoso alla Repubblica, dichiariamo assolutamente Rei di Scrocchio e soggetti alle Pene quì sotto espresse tutti quelli, i quali a qualsisia Persona che o per bisogno, o per soddisfare {*sodisfare*} alle proprie voglie cerchi denaro, daranno scientemente sotto qualsivoglia titolo in vece di denaro, merci, masserizie, gioie, o altre robe di qualunque sorte, valutate nell'atto della Consegna un certo determinato Prezzo, con farne debitore chi le riceve, come se gli {*li*} avessero dato il Contante, ma che per avere il Contante deve necessariamente rivenderle per quello che ne trova, sia più, sia meno; maggiormente poi quando il datore di tali robe per mezzo di ritrangolo direttamente, o indirettamente ha egli stesso la temerità e l'impudenza di ricomprarle ad un Prezzo minore di quello, di cui si era fatto Creditore.

Sarà parimente Reo di Scrocchio chiunque simulando di avere accomodato a cambio denaro effettivo, avrà dato altra qualunque specie.

LXXXI

I trasgressori, siccome i mediatori, ausiliatori, o in qualunque forma cooperatori Vogliamo che siano puniti con pena afflittiva di Corpo secondo la quantità, ed importare dello Scrocchio, e le altre Circostanze nel {*del*} Caso da estendersi ai pubblici Lavori, e di più {*dipiù*} i principali nella Perdita totale del Credito, o sia stato, o non sia stato esatto, e sì di sorte che di frutti, da devolversi alla Cassa delle Pene e multe pecuniarie, in modo tale però che non essendo stato esatto chi mediante lo Scrocchio ne era fatto debitore, debba rifondere alla detta Cassa tutto quello che averà {*averà*} ricavato e non altro più, se pure non si provasse che egli avesse usato maliziosamente qualche collusione nel far ritratto della roba ricevuta, secondo che ne giudicherà pettoralmente il Presidente del Buon Governo, e nello stato Senese l'Auditor Fiscale di Siena.

LXXXII

E per trattenere maggiormente da simili indegni, e fraudolenti Commercj, coloro che vi sono dediti, volendo, che si astengano {*astenghino*} ancor da quello che potrebbe avere apparenza di comodo da una parte, e di lecito dall'altra, ordiniamo, che sopra il credito di merci, o altre robe, quali si sieno vendute a respiro, non si possa sotto le istesse Pene dello scrocchio, fuori che tra Mercanti, e Mercanti, nè da principio, nè dopo il corso di tempo alcuno, crear cambj, o pattuire frutti, o interessi anche a titolo di lucro cessante, o di danno emergente, potendo avere il Venditore, senza tali ripieghi, e private convenzioni il più delle volte adoprate in frode di usura, e che vanno lentamente a divorare le sostanze del Compratore, spedita l'azione, quando gli piaccia o sivvero alla Scadenza pattuita, per esigere il suo Credito, e mentre il

Debitore sia moroso, per ottenere ancora quella indennità, che di ragione gli fosse dovuta, da dichiararsi dal Giudice, e non altrimenti.

Ed altresí per ovviare, che sotto l'apparente titolo di roba data a mostra non rimanga palliato un contratto tutto diverso, per cui il debitore non sarebbe tenuto ad esibirla, nè ad altro più che a pagarne il giusto prezzo, non si attenderanno in avvenire a verun effetto le Partite di Libro, quantunque legalmente tenuto, nè altri recapiti, da {*da'*} quali resulti alcuno debitore di roba ricevuta a Mostra, se tali Partite, o recapiti non avranno il corredo della Sottoscrizione del debitore, o del di lui Commesso, non sapendo scrivere, e di due testimonj, i quali possano verificare che realmente le merci, e robe furono fidate a mostra, e non con altro titolo, o in altro modo.

LXXXIII

Ne {*Ne'*} casi dichiarati agli Articoli 80, 81 e 82 {*Art. LXXX LXXXI e LXXXII*}, e per le Pene ivi determinate si procederà ex officio, ed a querela tanto del pubblico, che del privato accusatore, e chiunque dei complici, mentre più sieno gl'interessati {*gli interessati*} nello Scrocchio, o altri colla {*con la*} loro mediazione, ajuto, o consiglio vi abbiano cooperato, denunzierà al Tribunale la trasgressione, e ne darà prove sufficienti per la special {*speciale*} inquisizione, sarà immune dalle dette Pene.

LXXXIV

Comandiamo inoltre a tutti i Giudici, Cancellieri, e Attuarj di tutti i Tribunali Civili del Granducato, che qualora saranno prodotte avanti di loro Scritte, partite di libro, recapiti, o Istrumenti, contro i quali il Reo convenuto abbia opposte eccezioni di Scrocchio, di usura riprovata, di fraude, o altra simile, che in qualunque modo induca un ragionevole, e bastantemente fondato sospetto d'illecito negoziato, sospesa l'esecuzione del giudizio civile rimettano al respettivo Tribunal {*Tribunale*} Criminale i detti documenti, ed il Tribunal {*Tribunale*} Criminale avrà in conseguenza l'obbligo indispensabile di procedere ex officio, sentita la Parte, che si dichiara lesa, alla verificazione di quanto sarà stato opposto per devenire a quelle determinazioni che saranno di giustizia.

LXXXV

Gli Incendiarj, quelli cioé per dolo, e malizia dei quali sarà fatto l'Incendio, caderanno nella Pena dei pubblici lavori a tempo, ed anche a Vita, a misura non solo del danno, che avranno arrecato, ma ancora del pericolo di cagionarlo maggiore di quello inteso nella esecuzione {*nell'esecuzione*} del pessimo loro disegno.

LXXXVI

Se poi l'incendio sarà seguito non per dolo, ma per colpa, la Pena non eccederà l'esilio, o il confino, e quando la colpa sia riconosciuta lieve, o lievissima, cesserà l'azione criminale, ed avrà luogo solo la civile.

LXXXVII

Nelle Cause di semplice danno dato se sarà proceduto per accusa, come dicesi in via Civile, e con l'azione derivante dalli Statuti locali, la sola accusa, o sia della guardia a ciò Deputata, o sia del Padrone dannificato, o di altri per di lui {*dilui*} Interesse servirà a far prova del danno in genere, e della sua stima, quando a tale accusa non venga fatta alcuna contradizione, ed opposizione, e la detta accusa servirà per citare, e per condannare rendendosi contumace l'accusato alla sola emenda del danno col riservo però in Caso che comparisca nel termine di otto giorni a purgare la Contumacia.

Tale accusa non si accetterà, come prescrivevano le precedenti leggi, col giuramento, ma se mai si riconoscesse falsa, l'accusatore sarà condannato in una Somma il doppio maggiore di ciò che importava il danno per cui fu fatta l'accusa, a favore della Cassa delle condanne se l'accusa sia stata del Danno in genere, ed a favore dell'accusato, se questo sia stato nominato, e salva sempre all'accusato la facoltà di poter procedere piuttosto per la via Criminale coll'azione {*con l'azione*} della Calunnia.

LXXXVIII

Ricevuta l'accusa prima di devenire ad alcun atto sia citato l'accusato a comparire, li si contesti l'accusa, e confessando il danno, e la Stima del medesimo, venga condannato alla sola emenda senza dare ulterior Corso alla Causa. Ma essendo l'accusato negativo il detto dell'accusatore non farà per sé solo alcuna concludente prova, se non vi concorra almeno il deposto di un testimone idoneo senza eccezione, o altri indizj e Congetture equivalenti al deposto di un testimone per condannare l'accusato all'emenda del danno ed alle Pene Statutarie.

LXXXIX

Aboliti i particolari Statuti in quella parte in cui restando ignoto l'autor del danno o permettevano che si condannasse all'emenda di quello o la Comunità o i viciniori, resteranno i detti Statuti in vigore rispetto al quantitativo delle Pene, ed alla Partecipazione delle medesime; e dove si ammetteva alla Partecipazione il dannificato, questo sarà in libertà di scegliere o la Partecipazione alla multa penale, o l'emenda del danno; e per quella rata che per tal titolo sarà assegnata al dannificato resterà diminuita la multa pecuniaria.

XC

Quando nelle Cause di danno dato sarà proceduto criminalmente, e non averà {*avrà*} luogo che la Pena pecuniaria, questa non sarà determinatamente limitata ad una Somma fissa, come per le precedenti Leggi, ma sarà del quadruplo sulla Stima del danno da diminuirsi ed accrescersi per altro secondo il retto arbitrio del Giudice nelle diverse Circostanze del Caso; e quando averà {*avrà*} luogo la Pena afflittiva, questa verrà regolata nella stessa proporzione che le Pene per i furti.

XCI

Se il danneggiatore ardirà resistere al Padrone, o a chi per esso volesse impedire il danno o ricuperarlo, come erba, legna, frutte, o altro in cui il danno sia stato fatto offendendolo in qualunque modo nella Persona, la Pena sarà della Gogna o altra afflittiva di Corpo fino ai pubblici lavori inclusivamente, a proporzione dell'offesa.

XCII

Nel Colombicidio la Pena sarà di dieci Scudi {*scudi dieci*} per ogni Colombo domestico, e per i trasgressori impotenti a pagar la Pena sarà di un Mese di Carcere quando i Colombi saranno ammazzati o presi all'aperto; che se alcuno li ammazzasse o prendesse introducendosi nelle Case o Colombaje, si procederà colle {*con le*} regole, e Pene prescritte per i furti.

Se del Semplice Colombicidio si facesse Reo alcun famiglio, o altro Esecutore di Giustizia, sarà punito colla {*con la*} Pena di tre anni ai pubblici lavori, e nella perpetua inabilitazione a potere più servire nel Granducato.

Ed in questo Delitto pure saranno escluse come negl'altri {*negli altri*} le prove privilegiate ammesse nelle precedenti leggi.

XCIII

Ogni falsità di Scrittura dovrà punirsi con Pena afflittiva di Corpo {*Pene afflittive di corpo*} più, o meno grave {*gravi*} secondo il danno o ingiuria che ne fosse resultato, o avesse potuto resultarne, e secondo la qualità di Scrittura o privata o pubblica, ancorché se sia pubblica non vi sia danno di alcuno, e molto più se si trattasse di rescritto del Principe, e secondo la Qualità del Reo se fosse lui stesso a cui sia affidata la custodia delle pubbliche scritture, nelle quali sia stata commessa la falsità, mentre in tali casi potrà estendersi la Pena ai pubblici lavori per venti Anni.

XCIV

I Monetarj falsi non curato il preteso titolo di delitto di Lesa Maestà, che è stato abolito, saranno considerati come Rei di furto qualificato, onde Vogliamo che quelli i quali falsificheranno Monete di qualunque impronta, Medaglia o Conio, fabbricandole, radendole, o altrimenti alterandole si puniscano colla {*punischino con la*} Pena dei furti qualificati o sia dei pubblici lavori per più o meno anni secondo le Circostanze da temperarsi soltanto nel Caso che si trattasse di modica quantità ed Importanza, ed al contrario da estendersi ai pubblici lavori a Vita, se la quantità e l'importare fosse di tal rilevanza che paresse al Giudice meritevole il delitto di una tal {*tale*} punizione.

XCV

Quelli che di Concerto col Reo principale contratteranno o Spaccieranno Monete false, rase, o alterate come sopra, saranno puniti colla {*con la*} stessa Pena, e colla {*con la*} stessa regola.

XCVI

L'Adulterio, la Bigamia, la Sodomia, la Bestialità si puniranno negl'Uomini {*negli Uomini*} coll'ultimo {*con l'ultimo*} Supplizio, e nelle Donne coll'Ergastolo {*con l'Ergastolo*} per anni Venti. L'incesto se sarà tra Padre, Madre, e figli, fratelli e Sorelle, Cognati e Cognate, Suocero, Nuora, e Generi, la Pena sarà per gl'Uomini {*gli Uomini*} dei pubblici lavori per dieci anni, e per le Donne dell'Ergastolo per anni Cinque, se tra Zio e Nipoti o Cugini in primo grado, rilasciamo la Pena all'arbitrio del Giudice, purché sia sempre minore dei lavori pubblici.

XCVII

E nella stessa Pena arbitraria sarà ancora punito il Commercio carnale tra Ebreo e Cristiana, e {*o*} Cristiano ed Ebrea, togliendo tutte le altre Proibizioni, Disposizioni, e Pene contenute nelle Leggi emanate in Materia del detto Commercio.

XCVIII

Quanto agli Stupri, inerendo alla Legge promulgata dall'Augusto Nostro Genitore li 24 Gennajo 1754 ordiniamo, che se si tratterà di Stupro semplice, sia condannato lo stupratore nella Pena di Lire cento cinquanta da applicarsi nello Stato fiorentino allo Spedale di S. Maria Nuova, e nel Senese allo Spedale di S. Maria della Scala, ed a favore della Stuprata nelle sole Spese del Parto, e puerperio, e del Giudizio, abolendo il Costume introdotto di far grazia, quietata la Stuprata.

Ma se per le Circostanze e qualità del Caso, o per prove dirette e {*o*} di fatto costerà di una vera, e non ordinaria, ma qualificata Seduzione per parte dello Stupratore, il Giudice avrà l'arbitrio di aggravare la detta pena fino in Lire dugento cinquanta, ed ancora di condannare il Reo a dotare o Sposare la Stuprata.

Seguendo lo Stupro con precedente promessa di Matrimonio fatta in Scritto in valida forma, o in voce, alla Presenza di due Testimonj espressamente chiamati onde il Giudice independentemente dallo Stupro sarebbe in grado di dichiarare provati gli Sponsali, la Condanna dello Stupratore, che avrà ricusato di adempire la sua Promessa sarà di Cinque anni di Confino a {*in*} Volterra e suo Vicariato, o {*e*} a dotare o sposare la Stuprata, la qual Pena di confino dovrà avere la sua esecuzione sempre che il Condannato dentro un mese se sarà Reo presente, o essendo contumace dentro quarantacinque giorni dal dì della notificazione della Sentenza non abbia effettuato il Matrimonio, o fatto costare della legittima renunzia della Stuprata agli Sponsali, fermo stante in questo caso l'obbligo di dotarla. E ciò quando il Reo sia contumace in limitazione di quanto è stato di sopra disposto in ordine agli assenti, e condannati in Contumacia.

XCIX

Per lo Stupro commesso con Violenza la Pena sarà dei pubblici lavori a tempo, ed anche a Vita secondo la qualità del Caso.

E nella Pena parimente di pubblici lavori a tempo, benché non vi sia intervenuta Violenza positiva, incorrerà qualunque Servitore, o sotto qualunque titolo provvisionato di una Casa, conforme vien dichiarato nella mentovata Legge del 1754, che abusando della domestichezza, che è conseguenza del Servizio, per cui è pagato, ardirà commettere un simil delitto nella Persona della figliuola, sorella, o nipote del Padrone, o altra fanciulla di attenenza, o non attenenza del medesimo, ma coabitante con esso, e sotto la sua Custodia.

Similmente co' pubblici Lavori a tempo sarà punito lo stupro commesso, ancorché senza violenza, in Vergine non viripotente, se sarà consumato, e non essendo consumato, con Pena di esilio, o di Confino, secondo il grado, e la Qualità dell'attentato, e sempre {*sarà tenuto*} all'interesse della parte, non tanto per l'Ingiuria, quanto per la deteriorata Condizione della Zittella.

C

Per gli altri atti impudici quantunque del genere delli {*degli*} aborriti dalla Natura saranno castigati i colpevoli colla {*con la*} frusta privata.

La Violenza usata nel ratto, come in ogni altra specie di Delitto di Carne qualunque siasi, se il delitto sarà consumato, lo renderà sempre meritevole dell'ultimo supplizio, e solo nel ratto avrà il Giudice l'arbitrio di minorare una tal Pena, qualora vi fosse intervenuto il libero consenso della rapita, onde l'Ingiuria perquotesse {*percuotesse*} piuttosto i Genitori o {*e*} i Consanguinei, o i Tutori, e Curatori della medesima. Non essendo poi seguito l'effetto, se chi ha patito la violenza, avrà riportato qualche grave ferita, o altra offesa parimente grave nella Persona, la Pena non sarà mai minore di dieci anni di pubblici lavori; fuori del detto caso l'attentato sarà punito ad arbitrio del Giudice.

CI

Il Lenocinio nelle Persone di ogni sesso sarà per la prima volta punito colla {*con la*} frusta pubblica sull'asino, e coll {*con l'*} esilio, e per la seconda volta colla {*con la*} Pena dei pubblici lavori agli uomini, e dell'Ergastolo alle Donne, la qual Pena de {*de'*} pubblici lavori, e respettivamente dell'Ergastolo avrà sempre luogo, se si tratterà di punire per un simile infame delitto il Padre, la Madre, il Marito, il Tutore, il congiunto, quelli ai quali fosse affidata la Custodia, i Servitori, le Serve, ed altri domesticamente addetti al servizio della Casa di abitazione della femmina per mezzo loro prostituita; e la detta Pena resterà ancora aggravata nel Caso che vi fosse concorso lo stupro in Vergine, e molto più se non viripotente, o intervenuta qualche Violenza. Nè per esimersi dal rigore delle Pene prescritte di sopra gioverà ai Trasgressori il non aver pattuito, nè ricevuto verun guadagno.

CII

Quanto alla proibizione delle Armi, modificando la Legge del 22 Gennajo 1737, Ordiniamo, che da quì avanti la Pena della semplice delazione dell'armi da fuoco sia di scudi venticinque, e dell'armi {*delle armi*} bianche di scudi dieci, eccettuate tra le armi bianche quelle di corta misura; che non sia altrimenti vietata la ritenzione delle dette armi bianche di corta misura, ma bensì la delazione, sotto Pena di Scudi Cinquanta, ed in tutti i Casi la perdita dell'arme proibita; e che nelle Cause di delazione di arme non si possa procedere per inquisizione, se non nel Caso che si fosse fatto uso dell'arme {*dell'armi*} in altrui offesa, o per farsi forte affine di commettere qualche delitto, o trasgressione; e finalmente, che l'abuso dell'arme bianca di corta misura nei ferimenti ed Omicidj benché rissosi sia sempre considerato {*considerata*} come una circostanza aggravante il ferimento, o l'omicidio, non però per variare, ma solo per accrescere dentro la sua specie e qualità la Pena imposta a simili ferimenti o omicidj.

CIII

Chi fuggirà dalle Carceri per qualunque Causa vi sia ritenuto senza aver fatto alcuna sorta {*sorte*} di Violenza, sarà immune per una fuga tale da ogni Pena, ma quando o da per sé, o coll'ajuto {*con l'aiuto*} altrui rompendo la Carcere, o per forza usata al Carceriere, o altri Custodi, o Esecutori accorsi, gli sortirà di fuggire, tanto il fuggitivo, quanto i complici saranno condannati nella Pena della resistenza a forma del disposto all'Articolo 70 {*all'Art. LXX*}.

CIV

Chi poi fuggirà dai {*da*} pubblici lavori, segua la fuga in qualsisia modo, se sarà ripreso dovrà incominciare a consumar {*consumare*} la Pena, nella quale era stato condannato, come se non ne avesse osservata parte alcuna, Dichiarando che tutto questo s'intenda disposto semplicemente per la fuga tanto dalle Carceri, che dai pubblici lavori, non per le offese, o altra sorte di delitto che per tale occasione avessero commesso i Carcerati, o i Condannati ai pubblici lavori, o i complici nella fuga, nel qual Caso subiranno ancor quella Pena, o quel maggior Castigo che avrà meritato il loro eccesso, per il quale saranno condannati a Parte.

CV

Aboliamo affatto tutte le Pene contenute nelle Leggi promulgate dai Nostri Predecessori in materia di contrabbando di sale, ed in specie quella del 1704, delle quali già non avevamo nei Casi occorrenti permessa l’esecuzione; Vogliamo, che sia proibita ogni contrattazione del Sale benché fabbricato nei Nostri Stati, trà privato, e privato sotto la Pena di scudi trenta per ciascheduna contrattazione, e se il Sale sarà di quello concesso ed usato nella Provincia Inferiore di Siena, la Pena si potrà estendere fino in Lire trecento tanto per il trasporto del Sale fuori della detta Provincia, quanto per l’uso, o ritenzione di esso negli altri luoghi del Granducato. Il Furto del Sale parimente fabbricato nei Nostri Stati sarà considerato, come qualunque altro furto, e non altrimenti sottoposto ad una speciale, e più rigorosa Pena. Chiunque introdurrà nel Granducato Sale forestiero, se sarà Suddito, incorrerà nella Pena di scudi Cento Cinquanta, mentre la quantità del sale non passi le Libbre dieci, e passando, la Pena sarà aumentata ad arbitrio del Giudice, purché quella non ecceda gli scudi trecento, ed essendo l’Introduttore di Stato estero, oltre la detta {*pena*} pecuniaria sarà ancor condannato nell’esilio dal Granducato. Per chi comprerà, userà, o riterrà sal forestiero, mentre non vi sia stato precedente trattato coll’Introduttore {*con l’Introduttore*}, e la Quantità del Sale non passi le Libbre dieci, la Pena sarà di scudi sessanta da accrescersi ad arbitrio del Giudice fino in scudi Cento Cinquanta e non più oltre, qualunque sia la quantità del Sale maggiore delle Libbre dieci; nel Caso poi di precedente trattato sarà il Compratore, o Detentore punito egualmente che l’Introduttore, eccettuato l’esilio dal Gran Ducato, mentre quello sia suddito e questo Forestiero. Se li Introduttori {*gl’ Introduttori*} del Sale forestiero verranno armati, o in Truppa, o useranno alcuna Violenza per introdurre, o smerciare, o lasciare Sale di contrabbando, incorreranno nella Pena dei pubblici lavori per quel tempo che parrà al retto arbitrio del Giudice. In tutti i predetti Casi oltre le Pene disegnate avrà luogo ancora la perdita del Sale, e delle Bestie, e altri Istrumenti, nei quali fosse contenuto, e su dei quali fosse caricato il Sale.

CVI

Riduciamo la pena del Contrabbando di Tabacco dichiarata colla {*con la*} Legge del dì 11 Maggio 1769 nel modo che appresso; Ordinando cioè {*Ordiniamo*}, che fermo stante quanto in essa legge si dispone rispetto all’introduzione, commercio, ed estrazione dei Tabacchi dal Porto, e nel Porto di Livorno, chiunque smercierà {*smercerà*}, comprerà, o riterrà Tabacco, che non sia di quello, di cui è fornito lo Stato dalla Nostra Generale Amministrazione fino in Libbre dieci peso fiorentino, se sarà l’Introduttore trattandosi di polviglj cada in Pena di sei Scudi per ciascuna libbra, e da Libbre dieci in sù fino in qualunque Quantità di tre Scudi per libbra, purché la Pena non passi mai la Pena di scudi Cento ottanta; se poi si tratterà di altre sorti di Tabacco, la Pena sia di tre Scudi per libbra fino in libbre dieci, e di uno Scudo e mezzo parimente per libbra dalle libbre dieci fino ad ogni altra maggior quantità, non passando però mai la Somma di Scudi Cento Cinquanta, e sempre, ed in ogni Caso colla {*con la*} perdita del Tabacco, Bestie, e Istrumenti {*Strumenti*}; e se il Trasgressore sarà forestiero, oltre la detta Pena pecuniaria e perdita del Tabacco dovrà ancora esser condannato all'Esilio dal Gran Ducato. E se al Contrabbando fosse unita forza alcuna, o Violenza, come è stato detto rispetto al Sale, la Pena sarà afflittiva di Corpo fino ai lavori pubblici inclusivamente ad arbitrio di chi dovrà giudicare. Se poi si tratterà di Compratore, o detentore, la Pena sarà sempre minore della metà di quella disegnata come sopra per l'Introduttore, a proporzione della quantità del Tabacco contrattato o ritenuto.

CVII

In ogni Specie di contrabbando per quanto potesse provarsi la trasgressione, ed il Trasgressore, non Vogliamo, che si proceda per Inquisizione di modo che senza l'Invenzione della merce di contrabbando, niuno per tal titolo potrà essere non solo condannato, ma neppure processato, dovendosi inoltre tener fermi gli ordini già dati, e pubblicati per trattenere gli Esecutori dalle catture di quei che sono {*son*} trovati col {*nel*} Contrabbando. Dichiariamo peraltro, che non potrà sfuggire di esser {*essere*} accompagnato al Tribunale quel Trasgressore, che essendo forestiero non darà nell'atto dell'arresto mallevadore di pagare il Giudicato, o che essendo Suddito, la di lui Persona non fosse cognita ai Testimonj adoprati dagli Esecutori, ed il simile se l'arresto fosse seguito senza poterne aver testimonj.

CVIII

Se il Contrabbando sarà in modica quantità, lasciato da parte ogni principio di Processo, l'affare sarà visto e terminato economicamente e con qualche mortificazione leggierissima {*leggerissima*}, o anche se così parrà colla {*con la*} sola perdita del Contrabbando.

CIX

Le Trasgressioni alle Leggi, e Consuetudini dello Stato sopra i funerali, sopra i Giuochi, sopra i Matrimonj contratti tumultuariamente, senza l'intera osservanza dei riti della Chiesa, e con sorpresa dei {*de'*} Parochi, sopra i giorni, e l'ore nelle quali debbono {*debbon*} star serrate le Osterìe, e Bettole, e quant'altro si contiene nella Notificazione del dì 27 Dicembre 1785 in materia di dette Osterìe, e Bettole, tolta la facoltà di procedere per inquisizione saranno rilasciate alla coercizione economica secondo che ne giudicherà il Governator di Livorno, il Presidente del Buon Governo nel Dominio Fiorentino, e nel Senese l'Auditor fiscale, il Commissario della Provincia Inferiore, ed i respettivi Giusdicenti locali, sempre però con partecipazione dei nominati Ministri Superiori di Pulizia; come pure si rilasciano alla loro Potestà economica tutte le altre mancanze, e trasgressioni che sono più propriamente soggetto di Polizia, osservato però sempre quanto viene prescritto sopra all'Articolo 56 {*all'Art. LVI*}, e dalle Istruzioni veglianti in quanto permettono ai Vicarj qualche ispezione sopra i detti Articoli.

CX

Dove il querelato non sia né {*o*} confesso né {*o*} convinto, onde manchi la prova piena e perfetta della sua reità, sia però aggravato da sufficienti indizj, potrà il Giudice condannarlo in qualche Pena straordinaria, purché questa non passi l'esilio, o il confino, e solo nel concorso d'indizj urgentissimi, e di delitto capitale sarà permesso lo stender la Pena ad alcuni delli {*alcuno degli*} inferiori gradi de' {*di*} lavori pubblici; ma se per difetto di prova la condanna sarà stata minore dell'ordinaria, in niun Caso il condannato dovrà soffrire l'esposizione sulla porta del Pretorio, nè così dichiararsi al pubblico, come debitor {*debitore*} di un delitto certo, della cui reità il Giudice stesso non è stato abbastanza persuaso.

CXI

Vogliamo peraltro che di tutti i Condannati *ex indiciis*, come ancora di tutti quelli inquisiti, contro dei quali sarà dai Giudici decretato doversi tenere il Processo aperto, ne sia passata una special nota al Presidente del Buon Governo, affinché il medesimo possa fare invigilare sopra tali Soggetti meritamente sospetti alla Società.

CXII

Tutte le volte che il Reo sarà condannato nella Pena imposta al delitto che ha dato luogo ad inquirere, dovrà altresì condannarsi alla refezione dei danni, spese, ed interesse a favore della parte offesa, quantunque non ne abbia fatta un'espressa domanda da liquidarsi e tassarsi dallo stesso Giudice Criminale, e mentre ciò non portasse un Soverchio ritardo all'esecuzione della detta Pena, ancora nella stessa sentenza, dovendo inoltre l'offeso {*Dovrà l'offeso*} aver sempre la prelazione sopra i beni del Condannato in concorso col Fisco per quel debito, che il Reo avesse contratto col Fisco medesimo per occasione del suo Processo, e della sua Condanna. Se il condannato non sarà solvente, non sarà impedito alla parte Creditrice di valersi per il suo credito procedente da delitto, o quasi delitto, dell'azione personale contro il suo debitore anco per la via Civile, ancorché non sia preceduta alcuna escussione {*esecuzione*} dei {*sù i*} Beni, e perciò che spetta alla Condanna, e Credito fiscale, quando sarà rilasciata ad istanza del fisco l'esecuzione personale, s'intenda {*si intenda*} e si abbia per Soddisfatto il debito colla {*con la*} Carcerazione per giorni otto quando l'importare non passi le Lire venticinque, colla {*con la*} Carcerazione di giorni quindici quando non passa {*passi*} le Lire Cento, colla {*con la*} Carcerazione di un mese quando non passerà le Lire dugento, e così in proporzione colla {*con la*} Carcerazione di quindici giorni per ogni cento Lire di debito maggiore.

CXIII

Ma se per difetto di prova verrà dichiarato doversi tenere il Processo aperto, il Giudice, quando lo creda opportuno, farà un riservo alla Parte offesa a potere per l'interesse proprio sperimentare le sue ragioni in giudizio civile. Se poi il Reo sarà condannato in qualche pena fiscale giusta la regola fissata di sopra, allora il Giudice dovrà definitivamente, o condannarlo ancora o assolverlo, perciò che riguarda l'interesse dell'offeso, regolandosi dalla qualità delle prove risultanti dagli atti, e specialmente ponderando, se quelle sarebbero state sufficienti in un Giudizio civile. E in questa parte per chiunque si troverà aggravato, la Sentenza del Giudice Criminale sarà appellabile a quei medesimi Tribunali, e Giudici Civili, ai quali si devolvono in seconda istanza le Cause trattate civilmente.

CXIV

Per la prescrizione dei delitti Ordiniamo,

Che tutti gli Omicidj, Ruberie, furti, falsità, Ribellioni, Tradimenti, Assassinamenti, ratti di Fanciulle, Violenze a Maschi, o femmine, ed Incendj commessi, o che per l'avvenire si commetteranno, si possa, e debba conoscersene {*conoscere*} criminalmente, condannare, e punire dai Tribunali, e Giudici del nostro Gran Ducato infra dieci anni dal dì in cui tali delitti saranno stati attentati, o commessi, e non più oltre.

Che di tutti gli altri Malefizj, eccessi, e trasgressioni di qualsivoglia Sorte, si possa, e debba conoscersene {*conoscere*}, condannare e punire infra cinque anni contando dal giorno, in cui saranno stati attentati o commessi, e non più oltre.

E quanto ai contratti illeciti fatti in fraude, ed usura, e riprovati dalle leggi, si intenderà principiato il Corso della Prescrizione quinquennale dal giorno, in cui averanno avuto termine le usure, o altre illecite Percezioni.

Riguardo poi alle trasgressioni, che si commettessero dai Vicarj Provinciali, o altri Giusdicenti, e loro Uffiziali {*Ufiziali*}, e Ministri duranti i loro Uffizj {*Ufizj*}, e amministrazioni, se ne potrà, e dovrà conoscere infra un anno dal dì del deposto Uffizio {*Ufizio*}, e non più oltre, qualora però non si trattasse di falsità, furti, omicidj, o altri de {*dei*} sopranominati delitti da non prescriversi che nel corso di dieci anni anche quanto alle Persone predette.

Quanto ai Delinquenti che sono stati condannati per disposizione {*disposizioni*} delle precedenti Leggi in pena di vita {*la quale in caso di esecuzione sarà quella che sopra vi abbiamo sostituita*}, o di servizio ai pubblici lavori, e che in avvenire lo saranno ai pubblici lavori nei respettivi termini di sopra prefissi alla Prescrizione, dovrà considerarsene interrotto il Corso dalla Sentenza, non ostanteche nelle Citazioni, Notificazioni, o in qualunque altra Parte del Processo fosse stata commessa una qualche nullità, ed in sì fatti casi dovrà misurarsi il corso della prescrizione in tutto, e per tutto secondo la disposizione del Gius Comune, e non altrimenti.

CXV

Spirati i sopraenunciati {*sopraccennati*} termini a poter conoscere criminalmente, condannare, e punire secondo il riferito reparto, non resterà però impedito ai Tribunali, e Giudici criminali di conoscere, e decidere in via civile sugli atti medesimi già compilati a verificare il delitto, intorno alla refezione del Danno, o altro interesse civile delle Parti autorizzando anzi detti Tribunali, e Giudici per minor disastro delle medesime a poterlo fare in qualunque tempo.

CXVI

E poiché stabilite le massime generali per le Pene di ciaschedun delitto, l'adattare, ed il misurare le medesime nei diversi Casi è in gran Parte rimesso all'arbitrio del Giudice, così esigendo, ora la natura stessa del Caso, ora la Varietà delle Circostanze che possono accompagnarlo, ora la imperfezione della prova, nè essendo permesso il valersi di tale arbitrio senza l'appoggio di solide, e ben fondate ragioni; obblighiamo perciò tutti i Nostri Giudici, i quali si moveranno {*muoveranno*} a condannare alcun Reo in una determinata Pena arbitraria, a spiegarne la ragione, ed affinché apparisca per chiunque vi abbia interesse ad esprimerla succintamente nella stessa Sentenza.

CXVII

Perché poi si abbia di quì una norma, la quale costantemente dia lume ai Giudici per uniformarvisi, come Vogliamo che quanto è possibile vi si uniformino ne {*ne'*} Casi simili, si terrà in ciascun Tribunale una Tabella, nella quale saranno notate tutte le risoluzioni di Pena arbitraria col titolo del delitto per alfabeto, coll'espressione {*con l'espressione*} in succinto di tutte le Circostanze aggravanti, o diminuenti il delitto, col nome, e Cognome del Delinquente confesso, o negativo, presente, o contumace, più o meno indiziato, giorno, mese e anno della Sentenza. Ed in tutti quei Casi, dove i Giudici del Supremo Tribunale di Giustizia in Firenze, e dell'Auditor fiscale di Siena credessero di dover mutare il Parere dei Vicarj, dovranno rimettere ai respettivi Tribunali Criminali Copia dei loro Voti per dovere ivi restare, e così servire d'Istruzione tanto ai Vicarj, che avranno proposta la Causa, quanto ai loro successori.

CXVIII

Le Cause pendenti in tutti i Casi, dei quali è stato trattato di sopra, si risolveranno nella forma quivi prescritta; nei Casi in questa Legge ommessi {*omessi*} ricorreranno i Giudici alle altre Leggi osservate nel Gran Ducato, che ne disponessero in particolare, sempre però secondo lo Spirito della presente riforma, e compatibilmente coll'espresse {*con l'espresse*} disposizioni in essa contenute.

CXIX

Confidiamo che niuno si abuserà dell'indulgenza, con cui abbiamo creduto di dover temperare la Severità di certe Leggi, e di certi costumi sì nel procedere contro i Rei, sì nel punirli, sicuro dall'altra parte, che se abusandone {*abusando*} caderà in alcun delitto, la Pena voluta dalla Legge, e decretata dai Giudici sarà irremissibilmente eseguita.

Revochiamo perciò ogni facoltà che antecedentemente aveva la Nostra Consulta per lo Stato fiorentino, ed il Luogo Tenente Generale di Siena per lo

Stato Senese di accordare diminuzione, permuta, composizione, o condonazione di Pene tanto pecuniarie che afflittive; Ordiniamo che per le Pene pecuniarie non possa mai neppure proporsi diminuzione o Composizione alcuna; e per le Pene afflittive Confermando alla detta Consulta e Luogo Tenente Generale del Governo di Siena la facoltà di rigettare qualunque Supplica, Vogliamo che rendano {*rendino*} Conto a Noi direttamente di quelle sole Suppliche per Diminuzione e Permuta di Pene che crederanno meritevoli della Nostra attenzione, o perché avendo esaminato l'affare avessero riconosciuta ingiusta o aggravante la risoluzione presa dai Giudici, o perché costi di una vera e permanente inabilità del Reo a poter Soffrire la Pena che li è stata imposta.

Tale è la Nostra Volontà, alla quale comandiamo che sia data piena esecuzione in tutto il Nostro Gran Ducato nonostante qualunque Legge, Statuto, Ordine, o Consuetudine in Contrario.

Dato in Pisa lì trenta Novembre, Mille settecento ottanta sei.

Pietro Leopoldo

V. Alberti

C. Bonsi

II. Deutsche Übersetzung

PETER LEOPOLD
Von Gottes Gnaden Erzherzog von Österreich,
Königlicher Erbprinz von Ungarn und Böhmen,
Großherzog der Toskana &c. &c. &c.

Seit Unserer Besteigung des Thrones der Toskana haben Wir die Überprüfung und Reform der Kriminalgesetzgebung als eine Unserer wichtigsten Pflichten betrachtet und, nachdem Wir recht bald erkannt haben, dass sie viel zu hart und von Grundsätzen beherrscht wird, die in den weniger glücklichen Zeiten des Imperium Romanum oder in den Wirren der Anarchie späterer Zeiten entstanden waren, und insbesondere zu dem weichen und sanften Charakter der toskanischen Nation nicht passt, haben Wir Uns vorsorglich darum bemüht, die Härte mit Instruktionen, Befehlen an Unsere Gerichte und mit Spezialedikten zu mildern, mit welchen die Todesstrafen, die Folter und die maßlosen und in keinem Verhältnis zu Verstößen und Zuwiderhandlungen gegen Fiskalgesetze stehenden Strafen abgeschafft wurden, bis Wir in der Lage sein würden, durch eine gründliche und reifliche Überprüfung sowie gestützt auf die Erfahrung mit solchen neuen Anordnungen die genannte Gesetzgebung vollständig zu reformieren.

Zur größten Genugtuung Unseres väterlichen Herzens haben Wir schließlich erkannt, dass die Milderung der Strafen – verbunden mit der auf Verhütung strafbarer Handlungen gerichteten höchsten Wachsamkeit und mittels der schnellen Durchführung der Prozesse, der Promptheit und Gewissheit der Bestrafung der wahren Straftäter – die Zahl der häufigsten Verbrechen, anstatt sie zu vermehren, beträchtlich verringert und so bewirkt hat, dass man von den schrecklichen Straftaten fast nichts mehr hört. Und deshalb sind Wir zu dem Entschluss gekommen, die Reform der Kriminalgesetzgebung nicht mehr länger aufzuschieben, mit der kraft eines unabänderlichen Grundsatzes die Todesstrafe als für den von der Gesellschaft für die Bestrafung der Täter gesetzten Zweck nicht notwendig abgeschafft, der Gebrauch der Folter, die Konfiskation des Vermögens der Straftäter – weil sie dazu neigt, in den meisten Fällen ihre unschuldigen Familien zu schädigen, die keinen Anteil an dem Verbrechen haben – völlig beseitigt und die mit der Vermehrung der fälschlicherweise als Majestätsverletzung bezeichneten, in verderbten Zeiten mit ausgesuchter Grausamkeit erfundenen Verbrechen aus der Gesetzgebung verbannt wird; und indem Wir für Verbrechen die im rechten Verhältnis zu den Taten stehenden, jedoch in den jeweiligen Fällen unvermeidlichen Strafen festsetzen, haben Wir Uns entschlossen, kraft der Fülle Unserer Höchsten Autorität Nachfolgendes anzuordnen.

I

Alle Kriminalprozesse werden entweder auf Antrag des öffentlichen Anklägers oder der verletzten Partei begonnen. Jeder von ihnen ist verpflichtet, seine Klage zu unterzeichnen, wenn er schreiben kann, und sie, nachdem er sie bei Gericht eingereicht hat, mündlich vor dem zur Untersuchung abgeordneten Beamten zu bestätigen, der ihn noch einmal über den Inhalt derselben Klage, der noch weiterer Erklärung bedarf, befragen und die Rechtshandlung in den gebotenen Formen registrieren wird.

II

Diese Rechtshandlung wird dazu dienen, denjenigen, der die Klage eingereicht hat, stets und für alle Folgen in allen den Fällen haftbar werden zu lassen, in denen sich der Angeschuldigte als unschuldig erweist und gegen den Ankläger wegen Verleumdung klagen dürfte; dies jedoch stets unter der Voraussetzung, dass der öffentliche Ankläger nicht haftet, außer bei einer ausdrücklichen Verleumdung, anderenfalls er die Person benennen muss, die ihm davon Mitteilung gemacht hat.

III

Bei allen Verbrechen kann und muss von Amts wegen verfahren werden, die verletzte Partei mag sich dem Prozess anschließen oder nicht. Den Prozessweg wird auch der Bericht eines Wundarztes oder eines anderen eröffnen, dem die öffentliche Pflicht obliegt, alle die Verbrechen anzuzeigen, bei denen man von Amts wegen wird verfahren können und müssen. Von dieser Anordnung ausgenommen bleiben jedoch sowohl mündliche wie schriftliche Beleidigungen, die minder schweren Tätlichkeiten oder andere, im Streit erfolgten einfachen Beschimpfungen einer Person, die Zänkereien und die auf dem Land verursachten Schäden, mit Ausnahme der Brandstiftung, ferner kleine Betrügereien und Schwindeleien, die den Betrag von siebzig Lire nicht übersteigen, die ohne Gewaltanwendung verübten Unzuchts- und Ehebruchstaten; in diesen Fällen wird es nicht gestattet sein, eine Klage anzunehmen, es sei denn, sie stammt von der Partei, der die Befugnis zu klagen zusteht. Diese Klagebefugnis steht bei Ehebruch allein dem Ehemann zu, bei außerehelichem Geschlechtsverkehr der Betroffenen, ihrem Vater, bei Fehlen des Vaters ihrer Mutter, ihrem Bruder, Vormund oder Pfleger oder einem anderen nächsten Verwandten; das Recht, solche Unrechtstaten und Verletzungen zu rächen, haben bei mündlichen sowie schriftlichen Beleidigungen, soweit sie persönlich sind, der Beleidigte oder Verletzte, der Vater oder jedes andere Familienmitglied, auf welches sich nach dem Ius Commune die Kränkung oder der Schaden beziehen kann; bei Unruhen, bei Schäden, die durch Betrügereien und Schwindeleien entstanden sind, haben dieses Recht allein die Geschädigten. Und wenn bei solchen Verbrechen die Partei selbst, die in einem der genannten Fälle die Kriminalklage angestrengt hat, noch vor dem Urteil auf den Ersatz ihres Interesses verzichtet oder sich in sonstiger Weise mit dem Beklagten verglichen hat und dies vor Gericht erklärt und bestätigt, wird der Prozess nicht weiter geführt werden.

IV

Erweist sich jedoch in einem solchen Falle die Anschuldigung im Übrigen als begründet, wird das Gericht dem Polizeipräsidenten des florentinischen Staatsgebiets, dem Fiskalauditor von Siena für die Obere Provinz und dem Kommissar von Grosseto für die Untere Provinz Bericht erstatten müssen, mit Nennung des Zu- und Vornamens des Beklagten sowie unter genauer Darlegung der Verfehlung, derer dieser in dem Prozess beschuldigt worden war, und der Strafe, die er verdient haben würde, wenn er der Partei nicht angemessen Genugtuung geleistet hätte, damit die Behörden dergleichen Personen als Verdächtige unter Beobachtung halten können.

V

Bei allen anderen Verbrechen, bei welchen von Amts wegen verfahren werden muss und die nicht zu den oben genannten Ausnahmen gehören, wird man der im Vergleichswege erfolgten Abfindung der verletzten Partei keine Beachtung schenken dürfen, nicht nur, um den Prozess in seinem Lauf aufzuhalten, sondern auch nicht, um die dem Täter gebührende Strafe zu mindern.

VI

Um der wenn auch sehr alten, allgemeinen und ständigen Verwendung des Eides, der in Kriminalprozessen zu leisten ist, besser und gerechter Einhalt zu tun und auf diese Weise – wie es die Achtung und Ehrfurcht erfordern, die Wir Gott und seinem Heiligsten Namen in höchstem Maße schulden – die Häufigkeit seiner Verwendung so angemessen als möglich zu verringern und zugleich der Gefahr zu begegnen, jemandem Gelegenheit für einen Meineid zu geben, erweitern Wir die Bestimmung des Gesetzes vom 21. April 1679, wonach es nur verboten war, den Täter zur Eidesleistung in eigener Sache zu verpflichten, nicht aber bezüglich anderer Personen, und verbieten hiermit unbedingt, dass in Zukunft von jedem, der als Täter vor Gericht steht, ein Eid sowohl im Hinblick auf seine eigene Tat wie auch auf die Tat anderer, an dem verhandelten Verbrechen Beteiligter oder Nichtbeteiligter geleistet werde, welcher Art der Fall und der Gegenstand auch seien, auch wenn der Täter selbst zu seiner Entlastung verlangen sollte, zum Eid zugelassen zu werden.

VII

Auch ist der Eid verboten, den die klagende Partei, wenn sie nicht der öffentliche Ankläger war, zur Abwendung jeden Verdachtes der Verwegenheit und Verleumdung auf ihre Klage zu leisten pflegte und ablegen musste, wobei die Verleumdungsstrafe für den, den man ihr unterwarf, ein ausreichendes Hemmnis sein konnte. Und im Hinblick darauf, dass auch die Aussagen der im Untersuchungsverfahren einvernommenen Zeugen nicht als solche schon wirksam sind, wenn nicht eine weitere der üblichen Prozesshandlungen hinzukommt, wodurch die Rechtmäßigkeit des Verfahrens angezeigt wird, befehlen Wir, dass man auch die Zeugen nicht schwören lässt, die im Untersuchungsverfahren zur Befragung erscheinen. Jedoch nur, wenn dem Täter eine Abschrift über das Verfahren ausgehändigt und er beantragen wird, dass der über ihn befragte Zeuge vereidigt wird, wird der Zeuge verpflichtet, seine Aussage mit dem Eid zu bekräftigen. Ohne diesen besonderen Antrag des Täters werden uneidliche Zeugenaussagen so behandelt, als wären sie beschworen, und so werden in Säumnisprozessen Aussagen der Zeugen volle Gültigkeit besitzen, obwohl sie nicht beschworen waren.

VIII

Die erneute Beiziehung der Zeugen, die zu den vom anwesenden Täter gestellten Fragen erfolgen muss, wird, ganz gleich, ob er die Wiederholung der Aussagen unter Eid beantragt hat oder nicht, dieselben Folgen nach sich ziehen; und so wird der Richter die Aussagen, mag der Zeuge seine erste Aussage entweder bestätigen oder sie abändern, korrigieren oder zurücknehmen, in ihrer Wirksamkeit ebenso bewerten, als wäre sowohl die erste wie auch die zweite Aussage beeidet gewesen.

IX

Die zur Verteidigung beziehungsweise zur Widerlegung aufgebotenen Zeugen werden uneidlich gehört und ihre Aussagen wie beeidete behandelt werden müssen, wenn nicht die daran interessierte Partei, entweder der öffentliche Ankläger oder der private Kläger oder auch der Täter selbst, ansuchen, dass sie unter Eid befragt werden.

X

Nach Maßgabe der oben vorgeschriebenen Regeln hat der die Untersuchung führende Beamte – anstelle der vorausgehenden Ermahnung, die der Ermittelnde an den Zeugen zu richten pflegte, unter Eid die Wahrheit zu sagen – auf die Pflicht und deren Bedeutsamkeit hinzuweisen, die nach göttlichem und menschlichem Gesetz jeden trifft, nicht Falsches zu bezeugen oder fälschlicherweise Nichtwissen vorzugeben; er muss auch den Zeugen warnen, dass er während des ganzen Verfahrens auf jeden Antrag, sei es des Täters, des Anklägers oder der verletzten Partei angehalten werden kann, mit Eid das bestätigen zu müssen, was er dann auf die ihm gestellten einfachen Fragen aussagen wird.

XI

Jedes Mal, wenn es dem Richter hilfreich erscheinen sollte, entweder den Täter oder einen anderen, sei es bei der Einleitung oder im Verlauf des Prozesses zu verpflichten, zu irgendeinem Zweck einen Bürgen zu stellen, wird man weder den Hauptschuldner noch den Bürgen den Eid ablegen lassen; und sowohl in diesem Falle wie auch anstelle der eidlichen Kaution, die bei Fehlen eines Bürgen üblich war – die Wir in allen Kriminalprozessen vollständig abgeschafft wissen wollen – , wird man das Versprechen entgegennehmen, mit dem Vermögen und persönlich haften zu wollen; und darüber hinaus wird gegen den Versprechenden ein Strafbefehl erlassen, der im richtigen Verhältnis zur Sache steht, über die verhandelt wird, und der gegen ihn bei Nichteinhaltung seines strafbewehrten Versprechens zu vollstrecken ist.

XII

Wir wollen, dass in jedem Fall und unter allen Begleitumständen, in denen es gestattet ist, irgendeiner Person irgendeiner Sache wegen den Eid zuzuschieben, der Richter oder der die Untersuchung führende Beamte gehalten ist, vor der Zuschiebung des Eides zunächst die Personen über die mit dem Eid verbundene Pflicht zu belehren, indem er sie auf das Wesen und die Bedeutung hinweist; und um dem größeren Nachdruck zu verleihen, soll der Eid – nach Abschaffung der Formalität des bloßen Anfassens eines Formulars – kniend vor einem Kruzifix geleistet werden; und wenn es sich um Personen handelt, die einer von der Unseren verschiedenen Religion angehören, wird man veranlassen, dass von einer solchen Person der Eid nach vorheriger genannter Belehrung gemäß dem gewohnten Ritual geleistet wird, dem gegenüber jedoch höchste Achtung und Ehrfurcht geboten ist.

XIII

Und damit der Täter nicht nur über sein Ansuchen auf Vereidigung, sondern auch über alles das, was zusätzlich seine Verteidigung betreffen könnte, gründliche Überlegungen anstellen kann, wollen Wir, dass die Gewohnheit abgeschafft bleibt, den Täter, nachdem er zur Beantwortung der Spezialinquisition zugelassen worden war, zu verpflichten, seine Fragen an die im Untersuchungsverfahren befragten Zeugen zu richten, ohne ihm zuvor deren Aussagen aus dem geheimen, wie man sagt geschlossenen Prozess bekannt gemacht zu haben; und deswegen ordnen Wir an, dass nach erfolgter besagter Beantwortung der Prozess als öffentlicher gilt und dass dem Täter selbst oder seinem Verteidiger eine Abschrift aller bis dahin gefertigten Akten mit der Erlaubnis gegeben wird, innerhalb der ihm zur Vorbereitung seiner Verteidigung gewährten Frist die gegen ihn beigebrachten Zeugen noch einmal vernehmen zu lassen und ihnen alle passenden und sachgerechten Einwendungen entgegenzuhalten, unbeschadet des Rechts sowohl für den öffentlichen Ankläger wie auch für die verletzte Partei zur Entgegnung und zum Beweis, soweit es für sie nötig und von Rechts wegen passend sein wird.

XIV

Die Bekanntmachung der Akten auf obige Weise wird ohne weitere Formalität und Erklärung die Rechtmäßigkeit des Prozesses ebenso wie der Säumnis auf Vorladungen hin feststellen, sofern der Täter nicht erschienen ist.

XV

Ein Haftbefehl wird in allen jenen Fällen nicht erlassen, in welchen keine andere als eine Geldstrafe verwirkt ist; und in diesen Fällen wird das Gericht, sollte es die Anhörung des Angeschuldigten zum Nutzen der Anklagebehörde oder des Angeschuldigten selbst wünschen, ihn vorladen müssen, mit der Befugnis, ihn so kurzzeitig wie möglich im Gefängnis zu halten, sofern sich dies zum Zwecke der Aufklärung der Wahrheit für nötig erweist, und ihn dann entlassen beziehungsweise ihm erlauben müssen, sich mit einem Bürgen einzufinden, das Urteil anzunehmen und das zu bezahlen, wozu verurteilt wurde, oder in Ermangelung eines Bürgen ein durch einen Strafbefehl bewehrtes Zahlungsversprechen abzugeben.

XVI

Wenn der zwecks einer Anhörung zum Erscheinen geladene Angeschuldigte auf die zwei Vorladungen, die zu diesem Zweck in einem nach den Umständen angemessenen Zeitabstand zwischen beiden ergehen müssen, ausbleibt, soll nach Sachlage gegen ihn auf seine Kosten wegen Ungehorsams ein Vorführungsbefehl erlassen werden können, und nach erfolgter Vorführung muss er ohne die geringste Verzögerung dem Verhör unterworfen werden.

XVII

Die Justizbeamten sollen von der ihnen gesetzlich eingeräumten Befugnis zur Verhaftung der auf frischer Tat bei den oben unterschiedenen Fällen überraschten Straftäter oder Übertreter keinen Gebrauch machen dürfen bei Übertretungen, bei denen keine andere als eine Geldstrafe angebracht ist, ausgenommen, wenn bei Fehlen von Zeugen, die mitunter die Justizbeamten selbst sein können, oder bei Fehlen des Geständnisses, das gegenüber ihnen abzulegen sich die genannten Straftäter geweigert haben könnten, sich das Verbrechen oder die Übertretung auf andere Weise unmöglich beweisen ließe. Aber falls aus solchen Gründen eine Verhaftung notwendig sein wird, sind sie gehalten, die Verhafteten unverzüglich dem Gericht vorzuführen und dort sofort gegen sie eine geeignete Klage vorzubringen, damit die Sache so schnell wie möglich erledigt werden kann.

XVIII

In den Fällen, in welchen der gesetzliche Verbrechenstatbestand eine Leibesstrafe androht und eine feste und unabänderbare Regel für den Fall sicher nicht vorgeschrieben werden kann, ob die Pflicht besteht, einen Haftbefehl zu erlassen, bleibt es dann dem klugen und vernünftigen Ermessen des Richters überlassen, das zu verfügen, was er für das Interesse an der öffentlichen Strafe und für das Bedürfnis der Sache für am dienlichsten hält; nur warnen Wir denselben Richter, bei jenen Verbrechen einen Haftbefehl nicht allzu leicht zu erlassen, bei welchen die nach ihrem gesetzlichen Tatbestand angedrohte Strafe die Zwangsverweisung nicht überschreitet.

XIX

Es bleibt in den genannten Fällen ebenfalls dem klugen und vernünftigen Ermessen der Königlichen und Feudalen Vikare in der Provinz überlassen, falls sich der Täter im Gefängnis befindet, über eingereichte Gesuche zu entscheiden, dem Gefangenen die Stellung eines Bürgen und bei dessen Fehlen die Abgabe eines mit einem Strafbefehl bewehrten Versprechens zu erlauben, ohne an den Obersten Kriminalgerichtshof beziehungsweise an den Kommissar der Unteren Provinz des Staates Siena und den Fiskalauditor von Siena Bericht zu erstatten; und sie sollen diesen Behörden nur die Gesuche jener Gefangenen zur Entscheidung anzeigen, die nach dem gesetzlichen Tatbestand des von ihnen begangenen Verbrechens oder der Übertretung die Strafe der öffentlichen Zwangsarbeit *oder die Todesstrafe* zwar verdient hätten, aber wegen Beweismangels mit einer milderen Strafe belegt werden müssten, oder wenn die Entbindung von der Instanz, d.h. der Prozess als offen und nicht beendet oder ein ähnlicher Beschluss verordnet werden müsste.

XX

Es wird darauf hingewiesen, die Zeugen nicht mit dem Gefängnis auf die Probe zu stellen, die über das, worüber sie nichts aussagen, als unterrichtet gestellt wurden, ohne gesetzmäßig ihr Wissen von jenen Taten nachzuprüfen, bezüglich derer sie sich unwissend zeigen, und sie bei dieser Gelegenheit nicht durch übertriebene Haft und noch viel weniger durch ein sehr hartes Gefängnis zu quälen.

XXI

Gegen die Zeugen kann sogar ein Befehl erlassen werden, dem Gericht vorgeführt zu werden, ohne dass ihnen Kosten entstehen, sofern es die schwerwiegende Bedeutung der Sache erfordert, um Ränke und Verleitungen zum Meineid zum Schaden der Justiz vorzubeugen; und Zeugen können auch auf eigene Kosten wegen Ungehorsams vorgeführt werden, falls sie zweimal in einem den Umständen nach angemessenen Zeitabstand geladen wurden und sich dann als säumig erwiesen haben.

XXII

Die Haft- und Vorführungsbefehle sowie die Anordnungen zur Freilassung der Inhaftierten müssen in Kriminalprozessen mit der Unterschrift des Auditors des Obersten Kriminalgerichtshofes in Florenz, des Fiskalauditors in Siena sowie der Königlichen und Feudalen Vikare in der Provinz bestätigt sein; ohne deren Zustimmung wird ein Zeuge nicht einmal mit der Androhung des Gefängnisses auf die Probe gestellt werden können.

XXIII

In den Fällen, welche die Haftfortdauer des Täters während des schwebenden Untersuchungsverfahren erfordern, wird man es nicht versäumen, ihn dem Zeugen gegenüberzustellen, der gegen ihn ausgesagt hat, es sei denn, der Richter hätte seiner Umsichtigkeit nach, die sich hauptsächlich an den Verhältnissen und Eigenschaften der Personen orientiert, einen sachlichen Grund, zu solcher Rechtshandlung nicht zu schreiten; und das Gleiche soll gelten, wenn es sich um zwei oder um mehr Mittäter ein- und desselben Verbrechens handeln wird, welches einige von ihnen gestanden und einige geleugnet hatten.

XXIV

Wenn ebenfalls während des schwebenden Untersuchungsverfahrens der Täter einen Zeugen benannt oder einen auf die eigene Entlastung hindeutenden Beweis vorgebracht hat, wird der Richter von Amts wegen gehalten sein, einen solchen Zeugen erscheinen zu lassen, ihn zu vernehmen und aus den Prozessakten Aufschluss über jedes weitere Tatgeschehen zu erhalten, das geeignet ist, den Täter zu entlasten.

XXV

Den Zeugen, deren Erscheinen vor Gericht sowohl auf Ansuchen und Benennung einer Partei wie auch von Amts wegen angeordnet wird, soll nicht gedroht und noch weniger gegen sie ein Haftbefehl erlassen werden, wohl aber wird ihnen mit dem Vorladungsbefehl eine der Bedeutung des Falles angemessene Geldbuße angedroht werden, der sie im Falle ihres Ungehorsams sofort unterworfen werden, falls sie nicht ihre Verhinderung innerhalb von drei Tagen vom Erhalt der Vorladung an gerechtfertigt haben werden; und neben dieser Buße wird man die Zeugen dem Gericht vorführen lassen, wenn es sich um Sachen und ein Verbrechen handelt, in denen eine höhere Strafe als die Geldbuße angebracht sein könnte.

XXVI

Die Wiederholung der Vernehmung der Zeugen zu den Fragen des Täters, die vom Richter geprüft und zugelassen werden, muss von Amts wegen erfolgen, wie auch alle weiteren Verteidigungsmittel von Amts wegen entgegengenommen werden müssen, ohne dass der Täter zur Zahlung oder Hinterlegung der Kosten verpflichtet wäre; aber wie für diese Unkosten, so wird er auch allgemein für alle Prozesskosten haften; und man wird sie, sobald die Akten vollständig zusammengestellt sind und der Prozess eröffnet wurde, nach den geltenden Gebührenordnungen sowie stets unter Beachtung der von Uns den Armen und Bedürftigen gewährten Bevorrechtigung beitreiben können.

XXVII

Fortan wird unbedingt, in jedem Fall und unter jedem Begleitumstand, um welches Verbrechen es sich auch handeln mag, auch bei dem schrecklichsten, dessentwegen der Prozess geführt wird, die Verwendung der so genannten privilegierten Beweismittel verboten bleiben, die, da sie stets ungesetzlich und infolgedessen ungerecht sind, in keinem denkbaren Fall erlaubt werden können; weil bei allen Verbrechen die Wahrheit mit ein und denselben Mitteln erforscht werden muss, können diese, wenn sie sich in einem Falle zur Wahrheitsfindung als ungeeignet erweisen, in einem anderen Falle nicht das Gegenteil davon sein.

XXVIII

Es bleibt verboten, den Vater gegen den Sohn, den Ehemann gegen die Ehefrau und wechselseitig die Brüder und Schwestern gegeneinander als Zeugen zu vernehmen; deshalb ist es einem Richter oder Gericht, wie schwer das Verbrechen auch sein mag, unter keinen Umständen erlaubt, bei Uns selbst um Dispens nachzusuchen; eine Ausnahme davon gilt für jedes der Kategorie der Totschläge zugehörende Verbrechen oder für andere schwere, vorbedachte Verbrechen zum Schaden eines Familienmitglieds für den Fall, dass die Beweise auf andere Weise nicht erlangt werden könnten.

XXIX

Wir beauftragen die Richter und Kriminalaktuare, ihre ganze Aufmerksamkeit und Mühe der umgehenden Beendigung der Prozesse zu widmen und insbesondere die Behandlung der die Inhaftierten unmittelbar betreffenden Angelegenheiten jedem anderen, von ihnen vorher in Angriff genommenen Geschäft vorzuziehen; dies mit der stets gegenwärtigen Anweisung, außer der Pflicht zum sofortigen Verhör des in ihre Gewalt gekommenen Täters darauf zu achten, dass das Gefängnis, das die Täter während der Dauer des Prozesses erdulden, nichts anderes ist als ein Ort ihrer bloßen Verwahrung; deshalb ist es nötig, dass ihnen die Ungemach nicht nur durch eine möglichst kurze Dauer, sondern auch durch jedes andere, mit ihrem Status als Täter, in dem sie sich befinden, zu vereinbarende Mittel erleichtert werde.

XXX

Dieselbe und selbst noch größere Rücksicht wird man jenen gegenüber walten lassen, die als Zeugen oder als eines Verbrechens nur Verdächtigte im Gefängnis festgehalten werden; und jene Richter oder Beamten, die mit ihrer Nachlässigkeit Unsere Bemühungen zum Schaden der Gefangenen vereiteln, werden deswegen von Uns selbst zur strengsten Rechenschaft gezogen werden.

XXXI

Um die Inhaftierung weniger lang und weniger beschwerlich zu gestalten, soll sofort nach der Verbringung der Angeschuldigten in das Gefängnis deren Vernehmung nicht nur über allgemeine, sondern auch über mehr spezielle Dinge, die man bei dieser Gelegenheit über den Fall erfragen könnte, nicht ohne Not aufgeschoben werden; auf die Sauberkeit der Gefängnisse ist alle Sorgfalt zu verwenden; die in Verliesen Gefangenen soll man wenigstens einmal in der Woche herauslassen und mindestens für einen Tag in einem Raum oder einem in anderen Gefängnis verwahren, damit gelüftet und saubergemacht werden kann; auch soll man genauestens die Befehle beachten, die den Kriminalrichtern häufige Besuche der Gefängnisse vorschreiben.

XXXII

Weil die Gestaltung und Durchführung der Prozesse keinen anderen Zweck haben darf, als auf sehr einfachen, sehr schnellen und für die Angeschuldigten weniger beschwerlichen Wegen die Wahrheit des Tatgeschehens festzustellen, bleiben alle Richter und Gerichte besonders aufgefordert, diesen höchst wichtigen Grundsatz ihrer Amtspflicht stets vor Augen zu haben und sich daher bei der Durchführung der Prozesse – sowohl bei der Untersuchung des Verbrechens wie auch bei der Entlastung der Täter, seien sie anwesend oder säumig – um die größtmögliche Beschleunigung zu bemühen und jene Feierlichkeiten beiseite zu lassen, die sich für die Durchführung der Prozesse als überflüssig und reine Formalität erweisen würden.

XXXIII

Wir bestätigen kraft Unserer souveränen Autorität und mit besonderer Entschlossenheit die Abschaffung der Folter, die schon seit längerer Zeit mit Unserer Genehmigung in den Gerichten Unseres Großherzogtums außer Gebrauch war, ohne davon irgendeine Form sowie irgendeinen Fall und eine der Wirkungen auszunehmen, derentwegen sie in Kriminalprozessen vormals angewendet worden war.

XXXIV

Jede Kriminalsache soll vor jenes Gericht gebracht werden, vor welches sie nach den geltenden Zuständigkeitsordnungen gehört; sollte es sich aber herausstellen, dass die Prozessakten entweder irrtümlich oder, weil die Gelegenheit es so fügte, ganz oder teilweise von einem anderen Gericht angelegt worden sind, wird es deswegen dem Täter nicht gestattet sein, sich auf die Nichtigkeit wegen fehlender Gerichtszuständigkeit zu berufen, noch viel weniger von einer vergleichbaren Einwendung Nutzen zu ziehen, weil es allein genügt, dass die in jedem Gericht des Staates angelegten Prozessakten und der Täter selbst, wenn er sich im Gewahrsam dieses Gerichts befindet, dem zuständigen Gericht und Richter übergeben werden, der seinerseits – ohne dafür erst die bisher gewohnheitlich übliche Gültigkeitserklärung einzuholen – sich solcher Akten nicht anders wird bedienen können und dürfen, als wären sie unmittelbar von seinem Gericht angelegt worden.

XXXV

Und deshalb wird in keinem der Kriminalfälle jemals die Einrede der Unzuständigkeit des Gerichts gleichsam in der Form einer Einrede gegen die Rechtsgültigkeit der Prozessakten und des Urteils und auch kein Meinungsaustausch oder Streitgespräch über Mängel der Gerichtsbarkeit oder Gerichtszuständigkeit zugelassen; und wenn der Täter keinen Antrag gestellt hat, dem zuständigen Gericht überstellt zu werden, oder wenn es für nicht zweckmäßig befunden wurde, einem solchen Antrag zu entsprechen, werden die angelegten Prozessakten und das von jedem Richter im Staat gesetzmäßig verkündete Urteil gültig und rechtmäßig bleiben.

XXXVI

Im Falle, dass derselbe Täter wegen Verbrechen, die in verschiedenen Gerichtsbezirken begangen wurden, in mehreren Gerichten belangt würde, wird jenes der besagten Gerichte, das als erstes davon Kenntnis erlangt haben wird, gehalten sein, im florentinischen Staatsgebiet den Obersten Kriminalgerichtshof und im Sienesischen den Fiskalauditor davon zu unterrichten; und diese werden die Befugnis haben, alle gegen einen solchen Täter anhängigen Fälle einem einzigen Richter und Gericht, das sie für das geeignetere halten, zu übertragen, damit es jede der genannten Strafsachen untersucht und alle – vorbehaltlich der üblichen Berichte – durch ein einziges Urteil entscheidet. Ebenso werden die vorgenannten Obersten Richter verfahren, wenn eine der genannten Strafsachen bei ihrem Gericht anhängig gemacht worden sein wird, indem sie alle weiteren gegen denselben Täter anhängig gewordenen Strafsachen – wie oben – an sich ziehen.

XXXVII

Um den Täter säumig werden zu lassen, wird er dreimal mit einer Frist von acht Tagen pro Vorladung gemäß dem Formular geladen werden müssen, das ausgegeben wird, damit es in jedem Gericht ausgehängt werde; die Richter und Aktuare müssen bei der Ausfertigung der genannten Vorladungen an die Täter ebenso wie bei der Bekanntmachung der Urteile und bei der Entgegennahme der Berichte der Justizbeamten darauf hingewiesen werden, sich in Allem und Jedem an die vorgeschriebenen Formulierungen zu halten, anderenfalls werden sie jener schimpflichen Strafe unterworfen, die dem Polizeipräsidenten als angemessen erscheint und bis zur Amtsenthebung erstreckt werden kann.

XXXVIII

Wir missbilligen das System der früheren Gesetzgebung, demzufolge man die Säumnis des Täters und sein Untertauchen oder Verlassen des Staates wie ein Geständnis wertete, wobei Wir erkennen, wie sehr ungerecht und trügerisch dies ist und wie leicht die Furcht vor einem Prozess und dem Gefängnis zu einem Fernbleiben und zur Flucht auch Unschuldiger führen kann; Wir wollen, dass künftig das Ausbleiben des Täters, falls er auf Vorladungen hin nicht erschienen ist, nicht mehr bedeuten soll als ein bloßes Indiz, das mit anderen Beweisen, die für seine Schuld beizubringen wären, verbunden werden kann und so vom Richter für die Verurteilung nicht anders als ein Indiz verwendet wird, das gegen einen anwesenden Täter spräche, und dass man den Prozess gegen den abwesenden Täter nach den üblichen Formalitäten und ohne Unterschied bezüglich der Beweise wie gegen jeden anwesenden Täter führen wird.

XXXIX

Dem Urteil, das gegen den säumigen Täter verkündet wird, muss stets ein Vorbehalt hinzugefügt werden, binnen fünfzehn Tagen zu erscheinen und sich zu verteidigen; erscheint der Täter innerhalb dieser Frist, wird er so behandelt, als sei er auf die Vorladungen hin erschienen, und dadurch wird das für seine Säumnis sprechende Indiz ausgeräumt; das Urteil wird nicht rechtskräftig werden und es dem Täter erlaubt sein, alle für seine Verteidigung notwendigen Rechtshandlungen vorzunehmen, und man wird zu seinen Gunsten alles das berücksichtigen, was oben in der Regelung für einen schon vom Beginn des Untersuchungsverfahrens anwesenden Täter dargelegt wurde, um später seine Strafsache mit einem neuen Urteil entscheiden zu dürfen.

XL

Wenn jedoch nach Ablauf der vorbehaltenen Frist der Täter beharrlich ausbleibt, soll das schon verkündete Ladungsungehorsamsurteil die Wirkung eines Endurteils haben, um insbesondere die Verjährung des Verbrechens, dessentwegen er verurteilt wird, zu unterbrechen, so dass jene niemals und in keinem Falle die Vollstreckung verhindern kann, die auf ein solches Ladungsungehorsamsurteil folgen muss und im Übrigen in der Weise und nach Maßgabe der nachstehenden Erläuterungen durchgeführt wird.

XLI

Wenn zu einer Geldstrafe verurteilt wurde und der Täter innerhalb von sechs Monaten vom Tag der Bekanntmachung des Urteils an erscheint, um sich gegenüber einer solchen Verurteilung zu verteidigen, wird er in den Genuss der Rechtswohltaten kommen, wie sie – wie oben – der hat, der innerhalb der vorbehaltenen Frist erscheint; ist die genannte Frist von sechs Monaten abgelaufen und der Täter nicht erschienen, wird man die Fiskalstrafe vollstrecken und den Täter nicht weiter anhören können.

XLII

Wenn es sich aber um eine Leibesstrafe handelt, bleiben das Urteil gegen den Abwesenden und seine Vollstreckung ausgesetzt, damit dem Täter – gleich ob er sich entweder zu irgendeiner Zeit freiwillig stellt oder in Haft genommen wird – nach seiner zweckmäßigen Vernehmung und Antwort auf die inquisitorische Untersuchung alle jene der Verteidigung dienenden Rechtshandlungen erlaubt werden können, die anwesenden Tätern zustehen; und der Richter wird das in Abwesenheit bereits verkündete Urteil bestätigen, ermäßigen oder aufheben, je nach dem es der aktuelle Stand der Strafsache erfordern wird, wie oben unter Ausschluss jeder Einrede der Verjährung.

XLIII

Was jedoch das private Interesse der verletzten Partei anbetrifft, wird der Verletzte, welcher Art die Strafe auch sei, zu welcher der säumige Täter verurteilt werden wird – entweder Geld- oder Leibesstrafe –, nach Ablauf von drei Monaten vom Tag der Bekanntmachung des Urteils an, ohne dass sich der Täter gestellt hat, nach vorheriger geeigneter Abrechnung im Rechtswege die Vollstreckung in das Vermögen und auch in die Person des Verurteilten betreiben können; und gegen eine solche Vollstreckung wird kein einziges Rechtsmittel zugelassen, es sei denn, man wollte zugunsten dieses Verurteilten beweisen, dass die Grenzen jener billigen Entschädigung, zu deren Schuldner ihn der Richterspruch gemacht haben wird, überschritten sind.

XLIV

Zu demselben Zweck und nach Verstreichen jeder weiteren gesetzlichen Schonfrist, die – wie oben – jedem Ladungsungehorsamsurteil beigefügt wird, muss das ganze Vermögen des Verurteilten inventarisiert sein, um für die Wiedergutmachung, bei der die oben dargelegten Umstände berücksichtigt werden, zur Verfügung stehen zu dürfen; jedoch soll stets jeder auf die gesamte Einverleibung des genannten inventarisierten Vermögens bezogene Rechtserwerb zugunsten des Fiskus ausgeschlossen sein.

XLV

Wir haben erwogen, wie ungerecht in jeder Lage und bei jedem vorkommenden, auch dem schrecklichsten Verbrechen die Vermögenskonfiskation ist, die man sehr häufig durch die Kriminalgesetzgebung nicht nur für alle jene Verbrechen eingeführt findet, von welchen man nach einer fragwürdigen Ausdehnung glaubte, dass sie die Beleidigung der Majestät betreffen, die jedoch noch viel häufiger auch für Übertretungen der Steuer- und Schmuggelgesetze angedroht ist. Und indem Wir ein vielleicht mehr aus Habgier, um den Fiskus zu bereichern, als unter Berücksichtigung des Gemeinwohls eingeführtes System missbilligen, während es doch die Person des Täters und sie allein ist, die zum Zwecke der Genugtuung für das begangene Verbrechen dem Gesetz und der Strafe unterworfen ist und deren Vermögen von Rechts wegen für nichts anderes als für den Ersatz der Schäden haften kann, der denen geschuldet ist, die sie erlitten haben, oder für eine Geldbuße in den Fällen, in welchen eine Leibesstrafe nicht vorgesehen ist, betrachten Wir die Vermögenskonfiskation, die meistens nur die unschuldige Familie und die Erben des Straftäters trifft, wie eine echte Nötigung und ungesetzliche Aneignung, die die Regierung am Vermögen anderer vornimmt. Als Folge dieser Überlegungen und in Ergänzung der beiden Erlasse vom 10. Oktober 1780 und 24. März 1781, durch die die Gesetze, welche die oben genannte Konfiskation auferlegten, größtenteils gemildert und berichtigt worden waren, befehlen Wir, dass die Vermögenskonfiskation vollständig beseitigt und aus der Gattung der Strafen in jedem Falle entfernt bleibt und dass man von ihr in keinem Unserer Gerichte und bei keinem Verbrechen, sei es auch das schrecklichste, jemals wird Gebrauch machen können.

XLVI

Und da Wir erwogen haben, wie sehr es grundlegende Pflicht der Regierung ist, Verbrechen zu verhüten, zu verfolgen und zu bestrafen, ebenso wie es ihr obliegt, dafür zu sorgen, dass nicht nur die durch die Verbrechen der Täter Geschädigten, sondern auch jene Personen entschädigt werden, die durch die Tatumstände oder bestimmte verhängnisvolle Zufälle, ohne Vorsatz oder Fahrlässigkeit eines Dritten in einen Kriminalprozess verwickelt werden und sehr häufig zum Nachteil ihres Ansehens und Wohlstandes sowie jenes ihrer Familie im Gefängnis gehalten, dann aber für unschuldig befunden und als solche freigesprochen werden, so haben Wir bereits Vorsorge getroffen, aus dem öffentlichen Vermögen die Gerichtskosten zu ersetzen, die früher teilweise als Ergebnis der Vermögenskonfiskation und der Geldstrafen an den Fiskus zu bezahlen waren; Wir wollen, dass eigens eine Kasse unter der Leitung des Polizeipräsidenten im Florentinischen sowie des Fiskalauditors von Siena im Sienesischen Staatsgebiet errichtet wird, an die alle Bußen und Geldstrafen aus allen jeweiligen Gerichten des Staates fließen müssen und über die sie Uns jährlich Rechenschaft ablegen werden. Aus dieser Kasse müssen, soweit die Mittel reichen, alle jene entschädigt werden, die durch Verbrechen anderer geschädigt wurden, aber vom Straftäter, von dem ihr Schaden herrührt, wegen Fehlens eines Vermögens oder weil er sich auf der Flucht befindet, keinen Ersatz erhalten können; Entschädigung erhalten auch alle jene, die ohne Vorsatz oder Fahrlässigkeit eines anderen (weil in dem Fall, dass jemand vorsätzlich oder fahrlässig gehandelt hat, er selbst zur Entschädigung verpflichtet sein wird), wohl aber allein durch bestimmte verhängnisvolle oder unglückliche Zufälle in einen Prozess verwickelt, gefangen gehalten und dann für unschuldig befunden und als solche freigesprochen werden, vorausgesetzt jedoch, dass der Richter in dem einen wie dem anderen dieser Fälle entschieden hat, dass diese Entschädigung geschuldet wird, und zwar in Höhe jener Summe, die er errechnet und festgesetzt haben wird, und vorausgesetzt ferner, dass, falls der Täter oder ein anderer zum Schuldner der Ersatzleistung erklärt wurde, der Geschädigte nachweist, er habe sich alle Mühe gegeben, aus dessen Vermögen entschädigt zu werden.

XLVII

Aus demselben Grund, aus dem Wir in keinem Falle wollen, dass Unser Fiskus jemals Gewinne aus strafwürdigen Unordnungen zieht, und weil Wir es auch als einen unsinnigen, unerträglichen eingeführten Missbrauch befinden, dass sich die Täter von den durch die Richter verhängten Leibesstrafen durch Zahlung einer Summe Geldes an den Fiskus loskaufen konnten, wollen Wir, dass von nun an künftig dieser Missbrauch abgeschafft und jede Absprache mit dem Fiskus verboten bleibt, durch die der Verurteilte Straferlass, Minderung oder Umwandlung der Leibes- in eine Geldstrafe erlangen könnte.

XLVIII

Bei der Prozessführung müssen, gleich um welches Verbrechen es sich handeln und auf welche Weise es zur Kenntnis des Richters oder Gerichtes gekommen sein mag, die oben vorgeschriebenen Regeln beachtet und jeder Kriminalprozess mit einem förmlichen Urteil beendet werden, wobei es in keinem Falle und bei keinem Verbrechen, auch nicht bei dem schrecklichsten gestattet ist, von den üblichen Formen der Prozessführung abzugehen und eine Strafe – auch nicht in einer reinen Polizeisache – über eine Person zu verhängen, ohne ihr vorher ihre Vergehen vorgehalten und ihre Rechtfertigungen angehört zu haben.

ILIX

Deswegen werden unter keinem Rechtstitel geheime gerichtliche oder fiskalische Amtshandlungen vorgenommen werden dürfen, mit welchen es sich jemand anmaßte, gegen irgendjemand eine, wenn auch in ihrer Bedeutung nur als gering eingeschätzte Entscheidung zu treffen, so dass – selbst wenn vom Polizeipräsidenten oder vom Gouverneur von Livorno oder von einem anderen örtlichen Richter oder einer Behörde, wie etwa einem Polizeibeamten, entschieden würde, über an sie berichtete Vorgänge zum Zwecke besserer und gesicherterer Erkenntnisse Zeugen anzuhören und ihre Aussagen schriftlich entgegenzunehmen – von solchen Aussagen und noch weniger von irgendeinem Bericht zum Schaden eines anderen kein Gebrauch gemacht werden darf, auch nicht unter dem Vorwand, einer künftigen Unordnung vorzubeugen, wenn nicht vorher alles der Person, die man strafen wollte, mitgeteilt und ihr Gelegenheit zur Rechtfertigung und zum Vorbringen ihrer Entlastungsgründe unmittelbar an den Beamten gegeben wurde; dieser wird dann nach seinem klugen Unterscheidungsvermögen das beschließen können, was er für das Sachdienlichste hält, unbeschadet im Übrigen und unter Beachtung der in den oben bezeichneten Fällen jeweiligen Befugnisse im Rahmen dessen, was nachfolgend für die genannten Beamten in Polizeisachen angeordnet wird.

L

In allen Kriminalfällen wird einem armen oder bedürftigen Angeschuldigten an solchen Orten von Amts wegen ein Verteidiger beigeordnet werden müssen, an welchen ein Anwalt für arme Täter nicht ständig vorgesehen ist und wenn derselbe Angeschuldigte keinen eigenen Verteidiger hat; und dem genannten Verteidiger muss eine Abschrift der Akten bekannt gemacht und ihm Gelegenheit gegeben werden, sich unmittelbar mit dem Angeschuldigten, auch wenn er inhaftiert ist, zu besprechen, um sich über dessen Verteidigung Klarheit verschaffen zu können. Und falls der Gefangene ansucht, mit den Zeugen, die gegen ihn ausgesagt haben, sprechen und sie befragen zu dürfen, soll man ihm dies nicht verweigern, jedoch muss dies in Gegenwart des Richters oder des die Untersuchung führenden Beamten erfolgen; dies wird auch dann unbedingt zu beachten sein, wenn sich der Täter, während er noch in Verliesen verwahrt wird, mit seinem Verteidiger bespricht.

LI

Wir haben mit Abscheu gesehen, mit welcher Leichtfertigkeit in der früheren Gesetzgebung die Todesstrafe auch für nicht schwere Verbrechen verhängt worden war, und indem Wir erwogen haben, dass der Zweck der Strafe die Wiedergutmachung des privaten und öffentlichen Schadens, die Besserung des Täters – der auch Kind der Gesellschaft und des Staates ist, den zu bessern man niemals unterlassen darf –, die Sicherheit vor Tätern sehr schwerer und schrecklicher Verbrechen, damit sie nicht in Freiheit bleiben, um andere Verbrechen zu begehen, und schließlich das öffentliche Beispiel sein müssen, dass ferner die Regierung bei der Bestrafung der Verbrechen und im Dienst für die Gegenstände, für die einzig und allein sie zuständig ist, gehalten ist, sich stets der möglichst wirksamsten, für den Täter am wenigsten von Schmerzen begleiteten Mittel zu bedienen, und dass man eine solche Wirkung und Mäßigung insgesamt besser mit der Strafe der öffentlichen Zwangsarbeiten als mit der Todesstrafe erreicht – die öffentlichen Zwangsarbeiten dienen als fortdauerndes Beispiel und nicht als augenblicklicher Schrecken, der sich häufig in Mitleid verwandelt, und sie beseitigen die Möglichkeit, neue Verbrechen zu begehen, nicht aber die mögliche Hoffnung auf die Aussicht, in die Gesellschaft als nützlicher und gebesserter Bürger zurückzukehren – und weil Wir außerdem in Betracht gezogen haben, dass eine völlig andere Gesetzgebung für die größere Sanftheit und Biegsamkeit der Sitten des gegenwärtigen Jahrhunderts und insbesondere im toskanischen Volk geeigneter sein könnte, sind Wir zu dem Entschluss gekommen, die Todesstrafe, wie wir sie aufgehoben haben, mit dem gegenwärtigen Gesetz für immer und für jeden Täter abzuschaffen, sei er erschienen oder säumig geblieben und sei er auch geständig und gleich welchen Verbrechens überführt, das durch die bis jetzt erlassenen Gesetze zum Kapitalverbrechen erklärt war, welche Wir alle in dieser Beziehung kassiert und abgeschafft wissen wollen.

LII

Konsequenterweise bleibt der barbarische und verabscheuungswürdige Missbrauch der Befugnis umso nachdrücklicher geächtet und abgeschafft, die von einem der besagten Gesetze jedermann eingeräumt war, straflos und mit dem Versprechen einer Belohnung die Banditen töten zu dürfen, die wegen der besagten Kapitalverbrechen nicht vor Gericht erschienen waren; Wir wollen, dass man bezüglich jeder Form der Säumnis so verfahre, wie es oben und speziell in Artikel 42 verordnet ist, und es soll auch jede andere, nicht weniger barbarische und ungerechte, im Großherzogtum bereits geltende und speziell durch das – 'Compendio' genannte – Gesetz vom 31. Oktober 1637 verfügte Anordnung gegen vermeintliche Mörder oder andere dort genannten Gewalttäter gänzlich kassiert und abgeschafft sein, die jedermann verpflichtete, sie auch ohne Prozess und Verurteilung, allein als Verdächtige und als solche Verrufene zu verfolgen und zu töten, wiewohl während Unserer Regierungszeit die Vollziehung des Gesetzes nie erlaubt war.

LIII

Und weil die Täter von Kapital- und schweren Verbrechen am Leben bleiben müssen, um ihre bösen Taten durch nützliche wettzumachen, ordnen Wir an, dass an die Stelle der abgeschafften Todesstrafe für die Männer als Höchststrafe die lebenslängliche Strafe der öffentlichen Zwangsarbeiten und für die Frauen das ebenfalls lebenslängliche Zucht- und Arbeitshaus treten sollen, wobei Wir die Gewohnheit vollständig abschaffen, den zur genannten Strafe der öffentlichen Zwangsarbeiten lebenslänglich Verurteilten zu gestatten, nach dreißig Jahren Strafverbüßung um die – ihnen gleichsam geschuldete – Freilassung ansuchen zu können.

LIV

Mit Unserem Edikt war die Strafe des durch Gesetz vom 6. Februar 1750 verordneten Brandmarkens bereits aufgehoben worden und mit besonderem, an Unsere Richter und Gerichte gerichteten Befehl blieb gleichfalls die Strafe des Stranges oder des Aufziehens mit dem Seil abgeschafft, die nach den alten Gesetzen des Großherzogtums üblich war. Deswegen bekräftigen Wir diese Unsere Anordnungen und untersagen Unseren Richtern und Gerichten den Gebrauch solcher Strafen sowohl für die Angelegenheiten der ordentlichen Gerichtsbarkeit wie auch für Polizeisachen, und befehlen, dass – zusätzlich zum Abbruch der Galgen, wo immer sie angetroffen werden – die Seile und Seilzüge nicht mehr öffentlich zur Schau ausgestellt, sondern aus allen Gerichten entfernt werden. Und weil sich in vielen und verschiedenen Statuten der Städte des Großherzogtums die sowohl barbarische wie auch unmenschliche Strafe der Verstümmelung der Gliedmaßen für bestimmte Verbrechen als geltend und verordnet findet, obwohl sie schon viele Jahre nicht angewendet wurde, kassieren und annullieren Wir in dieser Beziehung und soweit erforderlich die genannten Statuten und jedes andere Gesetz, das diese Strafe auferlegt.

LV

Die Strafen, zu welchen künftig die Straftäter durch Unsere Richter und Gerichte verurteilt werden können, sind folgende:

Geldstrafen.

Nichtöffentliche Rutenhiebe.

Gefängnis, wenn es die Zeit von einem Jahr nicht überschreitet.

Verbannung aus dem Gemeindegebiet und auf drei Meilen im Umkreis.

Verbannung aus dem Vikariat und auf fünf Meilen im Umkreis.

Zwangsverweisung nach Volterra und in sein Territorium.

Zwangsverweisung in die Untere Provinz.

Zwangsverweisung nach Grosseto.

Verbannung aus dem gesamten Großherzogtum, die jedoch nur gegenüber solchen Straftätern angebracht sein wird, die Straffreiheit wegen Preisgabe von

Teilnehmern erhalten haben, sowie gegenüber Landstreichern, Gaunern, fremden Bettlern und ganz allgemein gegenüber allen fremden Straftätern und den Verleumdern.

Pranger ohne Verbannung.

Pranger mit Verbannung.

Öffentliches Auspeitschen.

Öffentliches Auspeitschen, sitzend auf einem Esel.

Zucht- und Arbeitshaus für die Frauen auf die Dauer von einem Jahr bis lebenslänglich, alle und jede einzelne kahl geschoren und zu solchen Arbeiten angehalten, zu welchen sie werden tauglich sein können, und die lebenslänglich Verurteilten mit einer andersartigen Kleidung und mit einem auf der genannten Kleidung angenähten Schild versehen, auf dem zu lesen ist *Höchststrafe*.

Öffentliche Zwangsarbeiten für die Männer auf die Dauer von drei, fünf, sieben, zehn, fünfzehn und zwanzig Jahren sowie lebenslänglich.

Die Strafe der öffentlichen Zwangsarbeiten wird mit einem Schild verbunden, auf dem der Name des Verbrechens steht, und bei zu zehn Jahren und mehr Verurteilten sowie bei nach Fluchtversuchen rückfällig Gewordenen wird der Richter mit Rücksicht auf die Beschaffenheit der Fälle ein rundes Kettenglied an deren Füße schließen lassen können. Und bei lebenslanger Strafe, die den Kapitalverbrechen vorbehalten ist, hat der Verurteilte zusätzlich zum runden Kettenglied oder zu einer doppelten Kette eine nach Farbe und Schnitt besondere Kleidung zu tragen, die ihn von allen anderen Gefangenen unterscheidet, er wird barfuss zu den härtesten und beschwerlichsten Arbeiten angehalten und auf dem Schild den Namen seines Verbrechens und die Worte *Höchststrafe* geschrieben tragen.

LVI

Den mit Polizeiaufgaben beauftragten Beamten, dies sind die vier Kommissare der Stadt Florenz, die Vikare der Gerichte der Städte Pisa und Siena sowie die Vikare aller Kriminalgerichte des Staates, wird die Befugnis gewährt, bei Übertretungen und Polizeidelikten in einem summarischen Verfahren zu Gefängnis von wenigen Stunden bis zu drei Tagen bei Brot und Wasser verurteilen zu können, wobei sie jedoch in ihren wöchentlichen Berichten über die Anlässe und Beweggründe, die sie hatten, gegenüber dem Polizeipräsidenten, dem Fiskalauditor von Siena und dem Kommissar der Unteren Provinz Rechenschaft ablegen müssen, die ihrerseits darauf zu achten haben, dass keine Missbräuche erfolgen. Die höheren Beamten der Polizei, dies sind der Gouverneur von Livorno, der Polizeipräsident, der Fiskalauditor von Siena und der Kommissar der Unteren Provinz, werden verurteilen können: Zu Geldstrafen bis zu einer Summe von einhundert Lire, zur Gefängnisstrafe, wenn sie den Zeitraum von einem Monat nicht übersteigt, zur Besserungsanstalt, zur nichtöffentlichen Verabreichung von Rutenhieben, zur Verbannung vom Wohnort und fünf Meilen im Umkreis, sofern die Verbannung den Zeitraum von sechs Monaten nicht übersteigt, sowie zur Verbannung der Fremden und Landstreicher aus dem gesamten Territorium des Großherzogtums, vorausgesetzt jedoch, dass in allen diesen Fällen die Akten so angelegt worden sind, wie es Artikel 49 vorschreibt, und dass stets für den, der sich durch solche Entscheidungen beschwert glaubt, die Beschwerde an Uns oder auch nur die Befugnis vorbehalten wird zu verlangen, dass die Angelegenheit durch einen förmlichen Prozess überprüft werde; in diesem Falle wird die Vollstreckung der in dem summarischen Verfahren ergangenen Verurteilung aufgeschoben und es wird bei dem bleiben müssen, was am Ende des besagten Prozesses entschieden wird.

LVII

Indem Wir in Betracht ziehen, dass die Menschen für ihr Handeln persönlich verantwortlich sind und niemand von Rechts wegen für die Handlungen seiner Verwandten haftbar gemacht werden kann, wollen Wir, dass keine der genannten Strafen den geringsten Schaden, Misskredit, Makel oder Schande den Verwandten des Verurteilten bringe; Wir wollen und erklären darüber hinaus, dass jene – ungeachtet der sehr engen Blutsverwandtschaft mit dem Straftäter – vor allen Folgen geschützt werden, und zwar nicht nur bezüglich ihres guten Rufes, den sie sich in der Öffentlichkeit erworben haben werden, sondern auch in allen besonderen Vorrechten ihrer Person, in Würden, Ämtern und in jeder Art von Befähigung oder Aufstiegsmöglichkeit, die sie nach ihrem persönlichen Verdienst erwarten und erlangen könnten ebenso wie können, was von Uns wie bei jedem anderen guten Bürger stets im gegebenen Fall beachtet werden wird.

Und in gleicher Weise wird man alle jene, die zu einer Strafe verurteilt worden sind, die früher als infamierend angesehen wurde, sobald sie ihre Strafe verbüßt haben, aus keinem wirklichen Grund mehr als infamiert betrachten können; auch darf ihnen von niemandem jemals ihr einstiges Verbrechen zum Vorwurf gemacht werden, welches als mit der erlittenen Strafe vollständig gesühnt und abgebüßt wird gelten müssen, um ihnen nicht die Möglichkeit zu nehmen oder zu erschweren, sich um ein ehrliches Leben in jener Gesellschaft zu bemühen, die sie ihrerseits als Mitglieder und gebesserte Kinder wieder in ihren Schoß aufgenommen hat.

Und indem Wir in Betracht ziehen, wie sehr es den Grundsätzen einer jeden Gesellschaft zuwider sein mag, dass entweder durch Gesetz oder durch Missbrauch, der sich in die öffentliche Meinung eingeschlichen hat, irgendein Stand der Person oder ein Gewerbe oder Beruf, speziell jener der Justizbeamten, die für den Gerichtsdienst und für die Aufrechterhaltung der guten Ordnung notwendig sind, als infamiert betrachtet wird, wollen Wir, dass von nun an künftig dieser Missbrauch vollständig abgeschafft bleibt, und dass allen die bürgerlichen Rechte und insbesondere die Fähigkeit, vor den Gerichten als Zeugen aufzutreten, in gleicher Weise wie allen anderen Personen zugestanden werden, und dass sie sich in gleicher Weise jener Rechte erfreuen, die im allgemeinen jedem Mitglied der Gesellschaft zustehen, wobei niemals andere Ausnahmen als jene, die aus einem persönlichen Verhalten der Individuen hervorgehen, anerkannt werden dürfen, und wobei ihnen niemals von irgendjemand ihr Stand zum Vorwurf gemacht und wegen dieses besonderen Rechtsgrundes eine Ausnahme entgegengehalten werden darf.

LVIII

Im Falle der Nichtbefolgung der Verbannung aus dem Gemeindegebiet wird als Strafe die Verbannung aus dem Vikariat für die gleiche Zeit angedroht, bei Nichtbefolgung der Verbannung aus dem Vikariat droht die Zwangsverweisung nach Volterra, bei Nichtbefolgung der Zwangsverweisung nach Volterra die Zwangsverweisung in die Untere Provinz von Siena, bei Nichtbefolgung der Zwangsverweisung in die Untere Provinz von Siena die nach Grosseto, bei Nichtbefolgung der Zwangsverweisung nach Grosseto soll die Strafandrohung, wenn die Verurteilung auf weniger als fünf Jahre erfolgt, auf das Doppelte der in der genannten Verurteilung angeordneten Zeit lauten, mitgerechnet jedoch das, was vor der Übertretung bereits abgebüßt sein wird; und bei Verhängung von fünf oder mehr Jahren müssen drei Jahre öffentliche Zwangsarbeiten abgeleistet werden; und dieselbe Androhung von drei Jahren öffentliche Zwangsarbeiten soll die Nichtbefolgung der sei es zeitlichen oder lebenslänglichen Verbannung aus dem gesamten Großherzogtum nach sich ziehen, verbunden mit der wiederholten Anordnung der besagten Verbannung, wenn sie lebenslänglich war, nach Verbüßung der Strafe der öffentlichen Zwangsarbeiten.

Und die – wie oben – für den Fall der Nichtbefolgung genannten angedrohten Strafen werden, sofern der Richter keinen Entschuldigungsgrund findet, weswegen der Täter durch das Gericht freigesprochen werden müsste, unnachsichtig vollzogen, auch wenn es sich um die erste Nichtbefolgung handelt, und es werden künftig keine Bittgesuche um Rücknahme der Verhängung der Verbannung oder Zwangsverweisung angenommen, denen sich der Täter einmal entzogen hatte.

LIX

Die öffentliche Zurschaustellung des Täters unter dem Tor des Gerichtsgebäudes, die nach Maßgabe Unseres Erlasses vom 21. September 1782 der Vollstreckung der dort angegebenen Strafen vorauszugehen hat, soll künftig bei folgenden Verbrechen stattfinden und zur Anwendung kommen:

Öffentlich begangene Gewalttätigkeit.

Aufruhr und Störung der guten Ordnung der Regierung und der Gesellschaft.

Missbrauch der öffentlichen Amtsgewalt.

Verleumdung.

Vorsätzlicher Totschlag jeder Art.

Einfacher Totschlag, der eine höhere Strafe als fünf Jahre öffentliche Zwangsarbeiten verdient hat.

Widerstand gegen Justizbeamte mit Waffengewalt oder mit Leuten, auch wenn dies die Verletzung der Person der genannten Justizbeamten und die Befreiung des Täters nicht zur Folge hatte.

Jede Art von Gewalttätigkeit, begangen gegenüber einem Privatmann zu jedem beliebigen Zweck, bei der keine geringere Strafe als die der Zwangsverweisung verwirkt ist, sofern es sich nicht nur um eine im Streit begangene Verletzung handelte.

Vorsätzliche Brandstiftung.

Kuppelei.

Fälschungen jeder Art.

Diebstahl, sowohl qualifizierter wie auch einfacher und Taschendiebstähle.

Falschmünzerei.

Vorsätzlicher betrügerischer Bankrott.

Von Anfang an vorsätzlicher Betrug.

Schwindelei.

Betrügerische Verwaltung.

Verdeckter Wucher, echter Wucher oder ein anderer unerlaubter Vertrag.

LX

Und indem Wir zu der Anwendung der oben aufgezählten Strafen kommen, wollen Wir, wer in gottloser Absicht sich erkühnen sollte, die göttlichen Mysterien durch gewaltsame Störung der heiligen Gottesdienste zu entehren oder sonst wie öffentlich Gottlosigkeiten zu verüben, und wer öffentlich Grundsätze lehren sollte, die im Widerspruch zu Unserer Heiligen Katholischen Religion stehen, der gegenüber Wir stets Unsere Liebe und Unseren Eifer gehegt haben und ewig und unabänderlich hegen werden, dass der wie ein Störer der Ordnung, mit der die Gesellschaft beherrscht und ruhig erhalten wird, und wie ein Feind der Gesellschaft selbst mit größter und höchst beispielgebender Strenge bestraft werde, und niemals mit einer geringeren Strafe als den öffentlichen Zwangsarbeiten auf Zeit oder lebenslänglich nach den Umständen des Falles.

LXI

Die Gotteslästerungen, bei welchen die Erfahrung gezeigt hat und erkennen lässt, dass sie der Unwissenheit und zugleich Störung des Verstandes oder einem plötzlichen Wutausbruch oder Weinmissbrauch, kurz einer auf alles andere als auf die Beleidigung der Gottheit oder Religion gerichteten Absicht entstammen, werden, sofern sie nicht ausdrücklich wiederholt werden und ketzerisch sind – in diesem Falle wird der vorhergehende Artikel zur Anwendung kommen – , in einem summarischen Verfahren mit Gefängnis oder einer anderen, nach den Polizeigesetzen angemessenen Strafe geahndet.

LXII

Wir befehlen, dass alle die Gesetze aufgehoben und kassiert sein sollen, die im Wege einer missbräuchlichen Ausweitung die als Majestätsverletzung bezeichneten Verbrechenstatbestände geschaffen und vermehrt haben, wie sie zum größten Teil dem Despotismus des Imperium Romanum entstammen und in keiner wohlgeordneten Gesellschaft zu dulden sind. Und um einen solchen Missbrauch zu beseitigen, sollen nach Beseitigung eines jeden speziellen gesetzlichen Tatbestandes des Verbrechens der sogenannten Majestätsverletzung alle – wie schon oben in Artikel 27 grundsätzlich vorgeschrieben ist – privilegierten Beweise auch bei sachlich ähnlichen Verbrechen abgeschafft und soll die Strafbarkeit aller jener Handlungen gänzlich aufgehoben sein, die als solche nicht verbrecherisch sind, dies jedoch in diesem Zusammenhang allein durch das Gesetz geworden sind; alle anderen müssen wie gewöhnliche Verbrechen, die innerhalb ihrer jeweiligen Kategorie den Tatumständen nach mehr oder minder qualifiziert sind, nämlich Diebstähle, Gewalttätigkeiten etc., behandelt und als solche, ungeachtet der größeren Schwere, die ihnen durch das Gesetz unter dem Vorwand der Majestätsverletzung beigelegt wurde, geahndet werden.

Und folglich wollen Wir, dass alle auf welche Weise auch immer verübten Gewalttaten oder Anschläge auf die Sicherheit, Freiheit und ungestörte Ordnung der Regierung ausnahmslos als ihrem Wesen nach Begehungsformen der öffentlichen Gewalttaten betrachtet und wie solche mit jenen Abstufungen in der Bestrafung geahndet werden, welche die größere oder geringere Grausamkeit der angewendeten Gewalt – bis zur Höchststrafe – erfordern wird.

LXIII

Wenn es sich aber um Schmähschriften oder besser um Plakate handelt, die bloße üble Nachreden enthalten, wie rein verbale Schmähungen ebenfalls gegen die Regierung, ihre Behörden und Beamten – Angelegenheiten, die mehr der Verachtung als der Rache mit der Strafandrohung eines Gesetzes wert sind –, soll dem Polizeipräsidenten im Florentinischen und dem Fiskalauditor im Sienesischen Staatsgebiet Bericht erstattet werden – Wir sind überzeugt, dass sie als selbst Angegriffene wissen werden, dem keine Bedeutung beizumessen –, die nach Feststellung des Urhebers diesem jene Verwarnung oder schimpfliche Bestrafung zukommen lassen werden, die sie für seine Besserung und Reue über sein Unrecht für ausreichend erachten, jedoch unter der Bedingung, dass, wenn die Schmähung gegenüber Richtern oder anderen Beamten bei der Ausübung ihres Amtes begangen wurde, es nicht gestattet wird, dies zu verheimlichen; vielmehr wollen Wir, dass nach Einleitung einer förmlichen Untersuchung sowohl auf Klage des privaten wie des öffentlichen Anklägers und von Amts wegen der Straftäter nach der Schwere seiner Verfehlung zu jener Strafe verurteilt werde, deren Verhängung dem Richter als notwendig erscheint, und stets zu einem öffentlichen Widerruf der Beleidigung.

LXIV

Damit aber zu den vorgenannten Unordnungen von Seiten Unserer Richter, Beamten und Angestellten gleich welchen Ranges und Standes kein Anlass gegeben werde, ordnen Wir so wie zu jedem anderen allzu gerechten und wichtigen Zwecke an, falls einer der genannten Richter, Beamten und Angestellten – wofür Wir im Übrigen alle Gründe haben zu glauben, dass es nicht im Entferntesten geschehen wird – die Grenzen überschreitet oder sonst wie das ihm anvertraute öffentliche Amt, die Behörde oder Anstellung missbraucht, indem er sich böswillig entweder der Hoheitsgewalt oder Führung seines Amtes, der Behörde oder seiner Anstellung bedient, um irgendjemand, insbesondere Witwen, Mündeln und anderen beklagenswerten Menschen irgendeine Art von Unrecht und Unbill anzutun sowie um einen als schuldig überführten Täter zu begünstigen, dass dieser Amtsinhaber nicht nur seines Amtes enthoben und gleichzeitig zu jedem anderen Amt für unfähig erklärt, sondern auch – wie der Täter einer öffentlichen Gewalttat – nach Maßgabe der Vorschrift des Artikel 62 verurteilt wird, weil dies die eigentliche und größte Beleidigung ist, die man einer Gesellschaft und dem Souverän als ihrem Oberhaupt und Lenker zufügen kann.

LXV

Mit gleicher Strenge sollen jene bestraft werden, die mit Geschenken, die schon insgesamt und unterschiedslos von Uns verboten worden sind, oder mit anderen krummen Mitteln die genannten Richter, Beamten und Angestellten bestochen haben oder sich in anderer Weise an deren Missbräuchen – wie oben – mitschuldig gemacht haben werden.

LXVI

Und weil die Verleumdung den Verleumdeten nicht nur beleidigt und ihm schadet, sondern auch in sich die Täuschung und Beschimpfung beinhaltet, die man der Regierung zufügt, deren vornehmstes Ziel die richtige Pflege der Rechtsprechung ist und allzu enttäuscht bleibt, wenn man sich ihrer in vermessener Weise als Mittel zur Ungerechtigkeit bedienen wollte, so wird jedermann, sei er eine private oder öffentliche Person oder Inhaber des öffentlichen Amtes des Anklägers, der wissentlich zum Schaden eines anderen mit falschen Beschwerden, falschen Anzeigen und Klagen Lügen verbreitet hat, zur öffentlichen Auspeitschung verurteilt und – obgleich Untertan – auf immer aus Unseren Staaten verbannt, ohne darauf Rücksicht zu nehmen, ob die falsche Anschuldigung ein solches Verbrechen betraf, das für sich selbst eine geringere Strafe nach sich hätte ziehen können, im Übrigen vorbehaltlich des Ermessens dessen, der über die Schärfung der Strafe gemäß der Beschaffenheit der Fälle bis zu den lebenslänglichen öffentlichen Zwangsarbeiten entscheiden muss; und derselben Strafe werden Anstifter und jene Zeugen verfallen, die entweder nach vorhergehender Intrige und im Zusammenwirken mit dem Verleumder oder aus privatem Hass oder zur Erreichung eines anderen boshaften Zieles die Unwahrheit gegen den schuldlosen Angeschuldigten bezeugt haben werden.

LXVII

Die vorsätzlichen Totschläge, zu deren Kategorie auch die Kindestötungen, Giftbeibringungen und alle anderen als qualifizierte bezeichneten Verbrechen gehören, gelten stets als die schrecklichsten und werden deshalb unnachsichtig mit der Strafe geahndet, die von Uns als Höchststrafe festgesetzt wurde, nachdem der Täter vorher eine Stunde am Pranger gestanden hat; und derselben Strafe werden die Auftraggeber, die Helfer, die Helfershelfer und jeder andere unterworfen, die vorsätzlich bei solchen Totschlägen zusammengearbeitet haben.

LXVIII

Bei den im Streit begangenen und bei allen anderen, aus einem nicht vorhergesehenen Anlass verursachten Totschlägen, wird der Richter die vorgeschriebene Strafe mindern können, auch wenn es sich um den Urheber des Streites oder den Herausforderer handelt; und betrifft es den Herausgeforderten, wird die Strafe nach Maßgabe der Tatschwere stets milder sein; im Übrigen überlassen Wir seiner vernünftigen richterlichen Beurteilung jene Handlungen, die zur notwendigen Verteidigung und in rechter, über die Grenzen der Verteidigung nicht hinausgehender Notwehr rein fahrlässig und ohne Absicht begangen werden.

LXIX

Jedoch werden jene Justizbeamten der vollen Strenge der Strafe niemals entgehen, die bei der Festnahme eines Straftäters oder Übertreters, der auf frischer Tat betroffen wurde oder gegen den bereits ein Haftbefehl in Kraft war, diesen verwunden oder töten; ergibt sich aber aus den Prozessakten, dass der Straftäter oder Übertreter mit Gewalt Widerstand geleistet hat, wird in einem solchen Falle die Beschaffenheit der von den Justizbeamten erlittenen Gegenwehr zur Strafminderung oder auch zum Freispruch führen, sofern dies die Tatumstände erfordern.

LXX

Jede Verletzung aber, die den genannten Justizbeamten in der Absicht zugefügt wurde, denselben gegenüber Widerstand zu leisten und sie in ihrer Amtsausübung zu behindern, wird streng bestraft und die Strafe bis zu den öffentlichen Zwangsarbeiten erstreckt werden, ebenso wie auch die angewendete Gewalt nach den Umständen des Falles bestraft wird, auch wenn es bei dem Versuch, sich selbst zu entziehen oder andere aus den Händen der Justizbeamten zu befreien, nicht zu einer Verletzung dieser Personen gekommen ist, wobei zu berücksichtigen sein wird, ob Flucht oder Befreiung gelungen sind oder nicht; und es werden ebenfalls je nach den Fällen und Tatumständen alle jene streng bestraft, welche die Justizbeamten bei der Durchführung der ihnen obliegenden Amthandlungen – die Sache sei zivil- oder kriminalrechtlicher Art – beleidigen oder herausfordern, und noch strenger jene, welche das Volk gegen sie aufwiegeln oder die Täter und die Parteien ermutigen, eine Befreiung zu versuchen oder die Befehle zu vereiteln, deren Vollstreckung ihnen vom Richter oder Gericht aufgetragen wurde.

LXXI

Jene Mütter, welche die Abtreibung ihrer Leibesfrucht verursacht haben, und die Beteiligten an ihrer Untat sowie jene, die den Müttern Gewalt in irgendeiner Form angetan oder ein anderes Mittel in der bösen Absicht abzutreiben gebraucht haben, werden, wenn der Erfolg eingetreten und erwiesen ist, dass die Abtreibung das Ergebnis ihrer aufgewendeten Bemühungen war, die ordentliche, in Artikel 67 angeordnete Strafe der Totschläger erleiden.

Wenn dann ein Fruchtabgang nicht nachfolgte oder zwar eintrat, aber zweifelhaft bliebe, ob die Tat unmittelbar dafür die Ursache war, wird die Tat wie ein versuchtes Verbrechen bestraft, die Frauen mit Gefängnis auf Zeit und die Männer mit der Verbannung oder Zwangsverweisung ebenfalls auf Zeit; auch wird es nur als fahrlässige Tötung gelten, wenn jemand ohne Absicht die Abtreibung verursacht hatte, nachdem er eine Frau geschlagen oder ihr aus Ungeschicklichkeit eine Speise oder ein Getränk oder eine Arznei gegeben hat.

LXXII

Die mit Waffen gleich welcher Art und mit Vorsatz zugefügten Verletzungen werden mit der Leibesstrafe bis einschließlich der öffentlichen Zwangsarbeiten bestraft; und wenn feststeht, dass der Verletzende die Tötungsabsicht hatte, werden stets öffentliche Zwangsarbeiten die Strafe sein; wenn aber Verwundungen im Streit mit einer zur Tötung geeigneten Waffe zugefügt werden, wird man, sofern die Verwundung schwer, wenn auch nicht gefährlich ist, stets mit der Leibesstrafe nach dem Ermessen des Richters strafen; und alle anderen leichten oder ohne Waffen zugefügten Verletzungen werden mit Geldstrafe geahndet, nach den Tatumständen von fünfundzwanzig bis zweihundert Lire.

LXXIII

Ebenfalls mit Geldstrafe neben der Verurteilung zum öffentlichen Widerruf werden bestraft, vorausgesetzt, dass der Beleidigte einen besonderen Antrag gestellt hat, sowohl die verbalen wie auch schriftlichen Beleidigungen, sofern es sich nicht um Plakate handelt, auf denen besondere schändliche und ehrenrührige Handlungen zum Vorwurf gemacht werden; in diesem Falle wird man die Verurteilung nach den Tatumständen auf Gefängnis, Verbannung und Zwangsverweisung nach dem Ermessen des Richters erstrecken können.

LXXIV

Der einfache Diebstahl, der zu Recht nicht zu den Kapitalverbrechen gezählt werden kann, mag er auch erheblich gewesen und wiederholt begangen worden sein, wird, wenn er den Wert von fünfzig Scudi nicht übersteigt, unter Berücksichtigung des höheren oder geringeren Wertes innerhalb des Rahmens der oben genannten Summe von fünfzig Scudi mit der leichteren Strafe der öffentlichen Zwangsarbeiten gemäß der in Artikel 55 getroffenen Abstufung bestraft; übersteigt aber der Diebstahl die genannte Summe, werden stets die öffentlichen Zwangsarbeiten auf Zeit, die nach dem Wert des Diebstahls auf mindestens drei Jahre bis zu zwanzig Jahren festzusetzen sind, und für die Frauen das dem entsprechende Zucht- und Arbeitshaus die Strafe sein.

LXXV

Bei den durch Einbruch, Einsteigen oder die Verwendung falscher Schlüssel qualifizierten Diebstählen, bei Haus-, Taschen-, Viehdiebstählen, bei Amtsunterschlagung und weiter bei Diebstählen, die gelegentlich eines Brandes, Hauseinsturzes oder Schiffbruchs begangen werden, wird es genügen, dass der Wert fünfundzwanzig Scudi erreicht, um zur oben verordneten Strafe der öffentlichen Zwangsarbeiten zu kommen.

LXXVI

Wenn es sich um eine Gewalttätigkeit handeln wird, die nicht die Grenzen des einfachen Raubes oder der einfachen Erpressung übersteigt, wird die genannte Strafe der öffentlichen Zwangsarbeiten verwirkt sein, sobald der Wert des Entwendeten fünfzig Lire übersteigt.

LXXVII

Wird aber der Raub auf öffentlichen Straßen oder mit Verletzung der gewaltsam angegriffenen Person, wenn auch ohne Waffen, begangen, wird es für die Verhängung der Strafe der öffentlichen Zwangsarbeiten genügen, dass das Entwendete den Wert von zehn Lire erreicht; und wird der Raub mit Waffen oder mit einem anderen, zur Beibringung von Verletzungen tauglichen Mittel verübt, wird die Strafe der öffentlichen Zwangsarbeiten, zu der in diesem Falle der Täter ohne Rücksicht auf eine feste Geldsumme verurteilt werden muss, nach den Tatumständen bis zur Höchststrafe einschließlich erstreckt werden können.

LXXVIII

Der in der Kirche begangene, im eigentlichen Sinne heilige Diebstahl an für den Gottesdienst geweihten Gefäßen wird stets als qualifizierter Diebstahl gelten und deshalb von der obigen Regelung des Artikel 75 mitumfaßt sein.

LXXIX

Nach denselben für die Bestrafung des einfachen Diebstahls festgesetzten Regeln wird man bei den anfänglich vorsätzlichen Betrügereien, bei der Schwindelei und betrügerischen Verwaltung verfahren; und was den vorsätzlichen betrügerischen Bankrott anbetrifft, wird man dafür die für den qualifizierten Diebstahl vorgeschriebene Regelung beachten.

LXXX

Indem Wir die Materie der verdeckten wucherischen Geschäfte in Unsere Erwägungen einbezogen haben – ein Übel, dem die entweder missverstandenen oder umgangenen oder nicht beachteten Gesetze des Staates nicht haben Abhilfe schaffen können und das zur selben Zeit den Ruin der Vermögen bewirkt, Anreiz zum Laster schafft und deshalb für das Gemeinwesen überaus schädlich ist –, erklären Wir unabänderlich alle diejenigen des verdeckten Wuchers für schuldig und den unten verordneten Strafen unterworfen, welche an jede Person, die entweder aus Not oder um die eigenen Wünsche zu befriedigen, Geld sucht, wissentlich unter einem beliebigen Rechtstitel an Stelle von Geld Waren, Hausrat, Schmuck oder andere Sachen – gleich welcher Art auch immer – hingeben werden, die bei der Aushändigung mit einem bestimmten festgesetzten Preis bewertet wurden, um den Empfänger zum Schuldner zu machen, als ob sie ihm bares Geld gegeben hätten, der seinerseits jedoch, um

Bargeld zu bekommen, die Sachen notwendigerweise zu dem Preis wiederverkaufen muss, der ihm geboten wird, sei es um mehr, sei es um weniger; das Gleiche gilt aber umso mehr dann, wenn der Geber solcher Sachen selbst die Kühnheit und Unverschämtheit besitzt, diese – um sie unmittelbar oder mittelbar an sich zu bringen – zu einem geringeren Preis als zu jenem zurückzukaufen, dessen Gläubiger er geworden war.

Ebenso wird jeder des verdeckten Wuchers schuldig sein, der, obwohl er vorgibt, er habe auf einen Wechsel wirklich Geld bezahlt, tatsächlich jedoch eine andere Art von Gegenständen hingegeben hat.

LXXXI

Wir wollen, dass die Übertreter ebenso wie die Mittelsmänner, Helfer oder in irgendeiner Form dabei Mitwirkenden mit der Leibesstrafe gestraft werden, die nach dem Ausmaß und der Schwere des verdeckten Wuchers und nach weiteren Umständen des Falles bis zu öffentlichen Zwangsarbeiten zu erstrecken ist; und außerdem sollen die Gläubiger mit dem vollständigen Verlust des gewährten Darlehens – es sei beigetrieben worden oder nicht – bestraft werden, und zwar sowohl der Kapitalsumme wie auch der Nutzungen, die der Kasse der Geldstrafen und Geldbußen zufallen sollen, jedoch in solcher Weise, dass, wenn sie nicht beigetrieben wurden, derjenige, der durch den verdeckten Wucher zum Schuldner geworden war, alles an die genannte Kasse abführen muss, was er erhalten hat und nicht mehr, es sei denn, man wiese nach, dass er bei der Rückgabe der empfangenen Sache arglistig etwas verheimlicht hätte, worüber der Polizeipräsident und im Staat Siena der Fiskalauditor von Siena unmittelbar richten wird.

LXXXII

Und um von ähnlichen schändlichen und betrügerischen Geschäften diejenigen um so mehr abzuhalten, die sich ihnen widmen, und weil Wir wollen, dass sie auch davon Abstand nehmen, was den Anschein des Vorteils einerseits und des Erlaubten andererseits haben könnte, befehlen Wir unter Androhung derselben Strafen für verdeckten Wucher – ausgenommen die Geschäfte zwischen Kaufleuten –, dass auf die Hingabe von Waren oder anderen Gegenständen als Darlehen, als wären diese auf Ziel verkauft worden, weder von Anfang an noch nach Ablauf einer gewissen Zeit Wechsel ausgestellt oder Erträge oder Interessen, auch nicht unter dem Rechtstitel des entgangenen Gewinns oder des tatsächlich aufgetretenen Schadens vereinbart werden können; dabei kann der Verkäufer, der ohne solche Notbehelfe und private Vereinbarungen handelt, die in den meisten Fällen zum Betrug durch Wucher benutzt werden und die allmählich das Vermögen beim Käufer aufzehren, eine bereite Klage haben, die er nach Belieben oder bei tatsächlich vereinbarter Fälligkeit erheben mag, um seinen Darlehensgegenstand einzufordern und bei Verzug des Schuldners auch jene Entschädigung zu erhalten, die ihm von Rechts wegen gebührt und vom Richter und nicht anders festzusetzen ist.

Und um ebenfalls zu verhindern, dass unter dem Scheinrechtstitel der Warenhingabe auf Probe ein völlig andersartiger Vertrag verdeckt bleibt, aufgrund dessen der Schuldner nicht zum Vorweisen der Sachen, sondern zu nichts anderem als zur Zahlung des angemessenen Preises verpflichtet wäre, werden künftig weder die Rechnungsposten im kaufmännischen Handelsbuch, auch wenn es gesetzmäßig geführt wurde, noch andere schriftliche Aufträge Beachtung finden, aus denen ein Schuldner der auf Probe empfangenen Sache hervorgeht, wenn solche Rechnungsposten und Auftragspapiere nicht die Unterschrift des Schuldners oder, falls er nicht schreiben kann, seines Handlungsgehilfen und zweier Zeugen haben, die nachweisen können, dass die Waren und Gegenstände tatsächlich zur Probe und unter keinem anderen Rechtstitel und auf keine andere Weise überlassen worden waren.

LXXXIII

In den durch Artikel 80, 81 und 82 geregelten Fällen und für die dort festgesetzten Strafen wird man sowohl auf Klage des öffentlichen wie des privaten Anklägers von Amts wegen verfahren; und wer immer von den Komplizen, die sehr am verdeckten Wucher interessiert sind, oder von anderen Personen, die durch ihre Vermittlung, Hilfe oder ihren Ratschlag an dem verdeckten Wucher mitgearbeitet haben, die Übertretung dem Gericht anzeigen und ausreichende Beweismittel für die Spezialinquisition beibringen wird, der soll von den genannten Strafen verschont bleiben.

LXXXIV

Darüber hinaus befehlen Wir allen Richtern, Gerichtsschreibern und Aktuaren aller Zivilgerichte des Großherzogtums, sooft ihnen Schriftstücke, Rechnungsposten im kaufmännischen Handelsbuch, Auftragspapiere oder Urkunden vorgelegt werden, gegen die der verklagte Täter Einreden des verdeckten Wuchers, des versuchten Wuchers, des Betruges oder andere ähnliche geltend gemacht hat, die in irgendeiner Weise auf das Bestehen eines berechtigten und ausreichend begründeten Verdachts bezüglich des verbotenen Geschäfts hinweisen, dass sie die Vollstreckung des zivilgerichtlichen Urteils aufschieben und die genannten Urkunden dem jeweiligen Kriminalgericht überlassen; und das Kriminalgericht wird demzufolge die unabdingbare Pflicht haben, nach Anhörung des sich für verletzt erklärten Teils von Amts wegen zu verfahren, um das, was eingewendet wird, nachzuprüfen und zu jenen Entscheidungen zu gelangen, die der Gerechtigkeit gemäß sind.

LXXXV

Die Brandstifter, und zwar jene, von denen der Brand vorsätzlich und heimtückisch verursacht wird, werden der Strafe der öffentlichen Zwangsarbeiten auf Zeit und auch lebenslänglich verfallen sein, unter Berücksichtigung nicht nur des Schadens, den sie angerichtet haben, sondern auch der Gefahr, einen noch größeren zu verursachen im Vergleich zu dem Schaden, den sie bei der Durchführung ihres bösen Vorhabens beabsichtigt hatten.

LXXXVI

Wird dann die Brandstiftung nicht vorsätzlich, sondern fahrlässig begangen, wird die Strafe die der Verbannung oder Zwangsverweisung nicht übersteigen; und wenn sich die Fahrlässigkeit als leicht oder sehr gering erweist, wird die Kriminalklage entfallen und nur die Zivilklage angebracht sein.

LXXXVII

In Fällen der einfachen Sachbeschädigung, wenn durch Klage, wie man sagt im Zivilrechtsweg und mit dem aus den Lokalstatuten abgeleiteten Anspruch prozessiert wird – gleich ob Klage durch die dafür abgestellte Wache oder durch den geschädigten Eigentümer oder andere betroffene Personen erhoben wird –, wird die Klage allein dazu dienen, den Schaden dem Grunde nach und seine Schätzung zu beweisen, sofern gegen eine solche Klage kein Widerspruch und keine Einwendung erhoben werden; und die genannte Klage wird dazu dienen, den Angeklagten vorzuladen und ihn im Falle seiner Säumnis allein zur Wiedergutmachung des Schadens zu verurteilen, vorbehaltlich jedoch des Falles, dass er innerhalb einer Frist von acht Tagen erscheint, um seine Säumnis zu rechtfertigen.

Eine solche Klage wird nicht, wie die früheren Gesetze vorschrieben, mit einem Eid verbunden entgegengenommen; erweist sie sich aber als falsch, wird der Beklagte zu einer Summe verurteilt, die um das Doppelte größer ist als der Schaden betrug, dessentwegen die Klage erfolgt ist, und zwar zugunsten der Strafenkasse, falls die Klage bezüglich des Schadens dem Grunde nach erhoben wurde, und zugunsten des Angeklagten, wenn dieser namentlich bezeichnet wurde, und stets vorbehaltlich der Befugnis des Angeklagten, statt dessen im Kriminalrechtsweg mit der Verleumdungsklage vorgehen zu können.

LXXXVIII

Nach Erhalt der Klage soll der Angeklagte, noch bevor zu einer Prozesshandlung geschritten wird, zum Erscheinen vorgeladen werden; wird ihm die Klage vorgehalten und erkennt er den Schaden sowie dessen Schätzung an, ist er allein zur Wiedergutmachung zu verurteilen, ohne die Sache weiter zu verfolgen. Leugnet aber der Angeklagte, so ist das Vorbringen des Anklägers für sich allein noch kein schlüssiger Beweis, um den Angeklagten zur Wiedergutmachung des Schadens und zu den Strafen nach Statutarrecht zu verurteilen, wenn nicht wenigstens die Aussage eines ohne Einschränkung geeigneten Zeugen oder andere, einer Zeugenaussage gleichwertige Indizien und Vermutungen hinzukommen.

LXXXIX

Die in jenem Teil abgeschafften besonderen Statuten, in welchem sie gestatteten, dass man zur Wiedergutmachung des Schadens entweder die Gemeinde oder die Nachbarn verurteilte, wenn der Schadensverursacher unbekannt geblieben war, werden hinsichtlich der Höhe der Strafen und ihrer Verteilung selbst in Kraft bleiben; und wo man den Geschädigten zu einer anteiligen Beteiligung heranzieht, wird dieser entweder den Anteil an der Strafbuße oder den Schadensersatz frei wählen; und um diesen Teilbetrag, der dem Geschädigten durch einen solchen Rechtstitel zugesprochen wird, bleibt die Geldbuße gemindert.

XC

Wenn in Fällen einer Schadenszufügung kriminalrechtlich prozessiert und nur eine Geldstrafe verwirkt sein wird, wird diese nicht – wie in den früheren Gesetzen – auf eine feste Summe verbindlich beschränkt sein, sondern das Vierfache des geschätzten Schadens betragen, im Übrigen mit der Möglichkeit der Minderung und Erhöhung nach dem rechten Ermessen des Richters bei der Berücksichtigung der verschiedenen Umstände des Falles; und wenn eine Leibesstrafe verwirkt ist, wird sie nach demselben Verhältnis wie die Strafen für die Diebstähle bemessen.

XCI

Wenn der Schädiger es gewagt hatte, Widerstand zu leisten gegenüber dem Eigentümer oder dem, der für den Eigentümer den Schaden verhindern oder beschädigte Sachen – wie Kräuter, Holz, Früchte oder Sonstiges – wieder an sich bringen wollte und ihn dabei auf irgendeine Weise körperlich verletzte, wird darauf als Strafen die des Prangers oder eine andere Leibesstrafe bis einschließlich der öffentlichen Zwangsarbeiten unter Beachtung der Verhältnismäßigkeit der Verletzung stehen.

XCII

Für die Tötung von Tauben wird die Strafe zehn Scudi für jede Haustaube betragen und bei zahlungsunfähigen Übertretern ein Monat Gefängnis, wenn die Tauben totgeschlagen oder im Freien gefangen wurden; hat sie aber jemand totgeschlagen oder gefangen, indem er sich Zugang in die Häuser oder in die Taubenschläge verschafft hat, wird man nach den für die Diebstähle vorgeschriebenen Regeln und Strafen verfahren.

Wenn sich ein Gerichtsdiener oder ein anderer Justizbeamter der einfachen Taubentötung schuldig gemacht hat, wird er mit der Strafe der öffentlichen Zwangsarbeiten auf drei Jahre und lebenslanger Unfähigkeit zu Diensten im Großherzogtum bestraft.

Und bei diesem Verbrechen werden ebenso wie bei den anderen die privilegierten Beweise ausgeschlossen sein, die frühere Gesetze erlaubt hatten.

XCIII

Jede Verfälschung eines Schriftstücks wird mit mehr oder minder schweren Leibesstrafen geahndet werden müssen, entsprechend dem Schaden oder den Unbilden, die daraus hervorgegangen sind oder hätten hervorgehen können, und entsprechend der Eigenschaft des privaten oder öffentlichen Schriftstücks, auch wenn es als öffentliches für niemanden von Schaden war, und noch mehr, wenn es sich um den Erlass des Fürsten handelte, sowie nach Maßgabe der persönlichen Stellung des Täters, wenn ihm selbst die Aufsicht über öffentliche Schriftstücke anvertraut war, an denen die Fälschung vorgenommen worden war, wobei in solchen Fällen die Strafe der öffentlichen Zwangsarbeiten bis zu zwanzig Jahren erstreckt werden kann.

XCIV

Die Falschmünzer werden ohne Beachtung der anmaßenden Bezeichnung des Verbrechens der Majestätsverletzung, das abgeschafft worden ist, wie des qualifizierten Diebstahls schuldige Täter behandelt werden; deshalb wollen Wir, dass diejenigen, die Geldstücke jedweder Prägung, Medaillen oder Prägestempel fälschen, indem sie sie herstellen, durch Beschneiden verringern oder sonst wie verändern, mit der Strafe der qualifizierten Diebstähle, seien es öffentliche Zwangsarbeiten auf mehrere oder wenige Jahre, entsprechend den Tatumständen bestraft werden, zu mildern allein in dem Falle, in dem es sich um einen mäßigen Umfang und Wert handelte, und umgekehrt zu schärfen bis zu lebenslänglichen öffentlichen Zwangsarbeiten, wenn die Menge und der Wert von solcher Erheblichkeit war, dass dem Richter das Verbrechen einer solchen Strafe als wert erschiene.

XCV

Jene, die im Einverständnis mit dem Haupttäter mit falschen, beschnittenen oder wie oben veränderten Münzen handeln oder sie in Umlauf bringen, werden mit derselben Strafe und nach derselben Regel bestraft.

XCVI

Der Ehebruch, die Bigamie, die Sodomie und die Bestialität werden bei Männern mit der Höchststrafe und bei Frauen mit zwanzigjährigem Zucht- und Arbeitshaus bestraft. Für Blutschande zwischen Vater, Mutter und Kindern, Brüdern und Schwestern, Schwägern und Schwägerinnen, Schwiegervater, Schwiegertochter und Schwiegersöhnen wird die Strafe für die Männer zehn Jahre öffentliche Zwangsarbeiten und für die Frauen fünf Jahre Zucht- und Arbeitshaus betragen; wenn Blutschande zwischen Onkel und Neffen oder Nichten im ersten Grad begangen wird, überlassen Wir die Strafe dem Ermessen des Richters, nur soll sie stets geringer als die für öffentliche Zwangsarbeiten bestimmte sein.

XCVII

Und mit derselben Ermessensstrafe wird auch der Geschlechtsverkehr zwischen Jude und Christin und Christ und Jüdin bestraft; dabei heben Wir alle anderen Verbote, Vorschriften und Strafen auf, die in Gesetzen enthalten sind, die auf dem Gebiet des genannten Verkehrs ergangen waren.

XCVIII

Bezüglich des unerlaubten, außerehelichen Geschlechtsverkehrs folgen Wir dem von Unserem erhabenen Vater erlassenen Gesetz vom 24. Januar 1754 und verordnen, wenn es sich um den einfachen, ohne Gewaltanwendung vollzogenen Geschlechtsverkehr handeln wird, dass der Täter zur Strafe von einhundertfünfzig Lire – zu zahlen im Florentinischen Staatsgebiet dem Spital S. Maria Nuova und im Sienesischen Staatsgebiet dem Spital S. Maria della Scala – und zugunsten der Frau nur zu den Kosten der Entbindung und des Wochenbetts sowie zu den Gerichtskosten verurteilt wird, wobei Wir die eingeführte Gewohnheit abschaffen, den Täter zu begnadigen, sobald die Frau abgefunden worden ist.

Wenn sich jedoch durch die Umstände und Beschaffenheit des Falles oder aufgrund unmittelbarer Beweise und des Tatherganges eine wirkliche und nicht gewöhnliche, sondern eine von Seiten des Schänders qualifizierte Verführung erweisen wird, wird es im Ermessen des Richters stehen, die genannte Strafe bis zu zweihundertfünfzig Lire zu verschärfen und darüber hinaus den Täter zu verurteilen, die Frau mit einer Mitgift auszustatten oder zu heiraten.

Erfolgte der Geschlechtsverkehr nach einem vorausgegangenen formgültigen schriftlichen oder mündlich, in Gegenwart zweier ausdrücklich herbeigerufener Zeugen erklärten Eheversprechen – so dass der Richter unabhängig vom Tatbestand des Geschlechtsverkehrs in der Lage sein würde, das Eheverlöbnis für bewiesen zu erklären –, wird der Täter, der die Erfüllung seines Eheversprechens verweigert, zu fünf Jahren Zwangsverweisung nach Volterra und dessen Vikariatsgebiet oder zur Ausstattung der Frau mit einer Mitgift oder zur Verehelichung mit ihr verurteilt werden; dieselbe Strafe der Zwangsverweisung wird stets dann vollstreckt werden müssen, wenn der Täter im Falle seiner Anwesenheit nicht binnen eines Monats oder im Falle seiner Säumnis nicht binnen fünfundvierzig Tagen vom Tag der Bekanntmachung des Urteils an die Ehe geschlossen oder einen rechtsgültigen Verzicht der Frau auf das Eheverlöbnis nachgewiesen hat, unbeschadet der in diesem Falle bestehenden Verpflichtung, sie mit einer Mitgift auszustatten. Und dies gilt für den Fall der Säumnis des Täters als Einschränkung dessen, was oben für Abwesende und in Abwesenheit Verurteilte verordnet wurde.

XCIX

Für die Vergewaltigung wird die Strafe öffentliche Zwangsarbeiten auf Zeit und auch lebenslänglich nach Maßgabe der Beschaffenheit des Falles sein.

Und die gleiche Strafe der öffentlichen Zwangsarbeiten auf Zeit wird, selbst wenn Gewalt tatsächlich nicht angewendet wurde, jeden Hausdiener oder jede unter welchem Rechtstitel auch immer in einem Hause in Lohn stehende Person gemäß der Anordnung in dem erwähnten Gesetz von 1754 treffen, die durch Missbrauch des häuslichen Vertrauensverhältnisses, das eine Folge des Dienstes ist, für den sie bezahlt wird, es wagen sollte, ein ähnliches Verbrechen an der Person der Tochter, Schwester oder an Nichte des Hausherrn oder an einem anderen mit ihm selbst verwandten oder nicht verwandten Mädchen zu begehen, das aber bei ihm wohnt und unter seiner Obhut steht.

Desgleichen wird mit öffentlichen Zwangsarbeiten auf Zeit der begangene unerlaubte Geschlechtsverkehr bestraft, auch wenn er ohne Gewalt mit einer noch nicht geschlechtsreifen Jungfrau ausgeübt wurde; und unterbleibt die Vollendung, wird die Strafe Verbannung oder Zwangsverweisung nach Maßgabe der Schwere und der Beschaffenheit des Anschlags sein; und stets wird der Täter verpflichtet sein, dem Mädchen das private Interesse zu ersetzen, nicht so sehr wegen der Beleidigung, als vielmehr wegen des beeinträchtigten persönlichen Standes und der Verhältnisse der Jungfer.

C

Für die anderen unzüchtigen Handlungen werden, soweit sie zu der von der Natur verabscheuten Art gehören, die schuldigen Täter mit der nichtöffentlichen Auspeitschung bestraft.

Die bei Entführung ebenso wie bei jeder anderen Form des fleischlichen Verbrechens angewendete, gleich wie auch immer geartete Gewalt wird, wenn das Verbrechen vollendet wurde, stets verdientermaßen die Höchststrafe nach sich ziehen; und nur bei der Entführung wird der Richter nach seinem Ermessen eine solche Strafe herabsetzen, wenn die freie Einwilligung der Entführten hinzukam, weil die Beleidigung weit mehr ihre eigenen Eltern oder die Blutsverwandten oder Vormünder und Pfleger träfe. Wird dann das Verbrechen nicht vollendet und trägt diejenige, die die Gewalt erlitten hat, eine schwere Verletzung oder eine andere ebenfalls schwere Kränkung ihrer Person davon, wird die Strafe der öffentlichen Zwangsarbeiten niemals weniger als zehn Jahre betragen; abgesehen von dem genannten Fall, wird der versuchte Anschlag nach dem Ermessen des Richters bestraft.

CI

Die Kuppelei wird an Personen beiderlei Geschlechts beim ersten Mal mit öffentlicher Auspeitschung auf einem Esel sitzend und mit Verbannung sowie beim zweiten Mal mit der Strafe der öffentlichen Zwangsarbeiten bei Männern und des Zucht- und Arbeitshauses bei Frauen bestraft; dieselbe Strafe der öffentlichen Zwangsarbeiten, beziehungsweise des Zucht- und Arbeitshauses wird stets verwirkt sein, wenn es darum geht, wegen eines ähnlich schändlichen Verbrechens den Vater, die Mutter, den Ehemann, den Vormund, den Verwandten, jene, denen die Beaufsichtigung anvertraut war, ferner die Diener, Dienstmägde und andere als Gesinde zum Dienst im Hause Angestellten, in dem die durch ihre Vermittlung entehrte Frau wohnt, zu bestrafen; und die genannte Strafe wird in dem Falle noch geschärft, in dem der Geschlechtsverkehr mit einer Jungfrau und mehr noch, wenn er mit einem noch nicht geschlechtsreifen Mädchen ausgeübt oder wenn dabei Gewalt in irgendeiner Form angewendet wurde. Um sich der Strenge der oben vorgeschriebenen Strafen zu entziehen, wird den Übertretern die Tatsache nichts nützen, dass sie dafür keinen persönlichen Vorteil vereinbart oder empfangen haben.

CII

Bezüglich des Waffenverbotes befehlen Wir, indem Wir das Gesetz vom 22. Januar 1737 abändern, dass künftig für das einfache Tragen verbotener Feuerwaffen die Strafe fünfundzwanzig Scudi und für das Tragen von Hieb- und Stichwaffen, ausgenommen solche von kurzen Ausmaßen, zehn Scudi betragen soll; dass im Übrigen nicht der Besitz der besagten Hieb- und Stichwaffen von kurzen Ausmaßen, wohl aber ihr Tragen bei Strafe von fünfzig Scudi und in allen Fällen verbunden mit dem Verlust der verbotenen Waffe untersagt sein soll; und dass man in den Fällen des Waffentragens nicht inquisitorisch verfahren darf, es sei denn, in dem gegebenen Falle wäre von den Waffen Gebrauch gemacht worden, um einen anderen zu verletzen, oder dass man sich angeschickt hätte, ein Verbrechen oder eine Übertretung zu begehen; und schließlich, dass die missbräuchliche Verwendung der Hieb- und Stichwaffen von kurzen Ausmaßen bei – wenngleich im Streit begangenen – Verwundungen und Totschlägen stets als ein die Verwundung oder den Totschlag erschwerender Umstand gelten soll, ohne jedoch die für ähnliche Verwundungen und Totschläge verhängte Strafe abzuändern, sondern nur um sie im Rahmen ihrer Gattung und Art zu verschärfen.

CIII

Wer aus Gefängnissen entfliehen wird, in denen er irgendeiner Sache wegen festgehalten wurde, ohne dabei irgendeine Art von Gewalt angewendet zu haben, wird wegen einer solchen Flucht frei von jeder Strafe sein; wenn er aber entweder aus eigener Kraft oder mit Hilfe anderer aus dem Gefängnis ausbricht oder wenn ihm nach Gewaltanwendung gegenüber den Gefangenenwärtern oder anderen Wächtern oder gegenüber herbeigeeilten Justizbeamten die Flucht gelingt, werden sowohl der Entflohene wie auch die Komplizen zur Strafe für Widerstand nach Maßgabe der Vorschrift des Artikel 70 verurteilt.

CIV

Wer schließlich von den öffentlichen Zwangsarbeiten gleich auf welche Weise entflieht, muss, wenn er aufgegriffen wird, die Verbüßung der Strafe, zu der er verurteilt war, so beginnen, als wäre er ihr noch in keinem Teil nachgekommen, wobei Wir erklären, dass sich dieses Verordnete nur auf die Flucht sowohl aus den Gefängnissen wie von den öffentlichen Zwangsarbeiten bezieht, nicht jedoch auf die Schäden oder eine andere Art von Verbrechen, die bei solcher Gelegenheit die Gefangenen oder die zu öffentlichen Zwangsarbeiten Verurteilten oder ihre Komplizen bei der Flucht begehen könnten; in diesem Falle werden sie noch jene Strafe oder jene größere Züchtigung erleiden, die ihre Ausschreitung verdient hat, derentwegen sie noch eigens verurteilt werden.

CV

Wir schaffen alle die Strafen vollständig ab, die in den von Unseren Vorgängern in Sachen des Salzschmuggels erlassenen Gesetzen und im besonderen in jenem von 1704 enthalten sind, deren Vollstreckung Wir bereits für die vorkommenden Fälle verboten hatten. Wir wollen, dass jedes Geschäft zwischen Privatleuten mit Salz, selbst wenn es in Unseren Staaten erzeugt wurde, bei Strafe von dreißig Scudi für jedes Geschäft verboten sein soll; und wenn das Salz aus jenem der Unteren Provinz von Siena bewilligten und dort verwendeten Kontingent stammen wird, kann die Strafe sowohl für die Verfrachtung des Salzes aus der genannten Provinz, wie auch für seine Verwendung oder das Zurückhalten an anderen Orten des Großherzogtums bis zu dreihundert Lire erstreckt werden. Der Diebstahl des ebenfalls in Unseren Staaten erzeugten Salzes wird wie jeder andere Diebstahl behandelt und im Übrigen keiner besonderen und strengeren Strafe unterworfen werden. Jeden, der ausländisches Salz in das Großherzogtum einführt, wird, wenn er Untertan ist, eine Strafe von einhundertfünfzig Scudi treffen, falls die Salzmenge die zehn Pfund nicht übersteigt, anderenfalls wird die Strafe nach dem Ermessen des Richters erhöht, wenn sie nur nicht die dreihundert Scudi übersteigt; und ist der Einführende Angehöriger eines ausländischen Staates, wird er über die genannte Geldstrafe hinaus noch zur Verbannung aus dem Großherzogtum verurteilt werden. Für den, der ausländisches Salz kauft, verwendet oder zurückhält, wird, wenn mit dem Einführenden vorher kein Vertrag geschlossen wurde und die Menge des Salzes zehn Pfund nicht übersteigt, die Strafe sechzig Scudi betragen, die nach dem Ermessen des Richters bis zu einhundertfünfzig Scudi zu erhöhen ist, um wie viel auch die Menge des Salzes die zehn Pfund übersteige. Im Falle einer dann vorausgegangenen vertraglichen Bestellung wird der Käufer oder Besitzer ebenso wie der Einführende bestraft werden, ausgenommen jedoch die Strafe der Verbannung aus dem Großherzogtum, wenn jener Untertan und dieser Ausländer ist. Wenn die ausländisches Salz Einführenden bewaffnet oder in Scharen kommen oder zum Zwecke der Einfuhr oder des Absetzens oder Verhökerns des geschmuggelten Salzes irgendeine Gewalt anwenden, werden sie der Strafe der öffentlichen Zwangsarbeiten auf jene Zeit verfallen sein, die dem Ermessen des Richters als richtig erscheint. In allen den vorgenannten Fällen wird über die angeordneten Strafen hinaus auch noch der Verlust des Salzes, der Lasttiere oder anderer Behältnisse angebracht sein, in welchen das Salz enthalten und auf die es geladen war.

CVI

Die auf Tabakschmuggel stehende, durch Gesetz vom 11. Mai 1769 verordnete Strafe setzen Wir wie folgt herab: Wir befehlen, dass zwar in Kraft bleibe, was in demselben Gesetz in Bezug auf Einfuhr, Handel und Ausfuhr von Tabak aus dem Hafen und in den Hafen von Livorno angeordnet ist, dass jeder, der Tabak bis zu zehn Pfund Florentiner Gewicht verkaufen, kaufen oder zurückhalten wird, der nicht von jenem Kontingent stammt, mit dem der Staat durch Unsere Generalverwaltung beliefert wird, dass er, wenn er der Einführende sein wird und es sich um Schnupftabak handelt, einer Strafe von sechs Scudi für jedes Pfund und bei über zehn Pfund hinaus nach oben bis zu jeder beliebigen Menge einer Strafe von drei Scudi für jedes Pfund verfällt, wenn nur die Strafe einhundertachtzig Scudi nicht übersteigt. Handelt es sich dann aber um andere Tabaksorten, soll die Strafe drei Scudi pro Pfund bis zu zehn Pfund, und ein und ein halb Scudi ebenfalls pro Pfund von zehn Pfund Gewicht an bis zu jeder anderen größeren Menge betragen, jedoch soll dabei niemals die Summe von einhundertfünfzig Scudi überschritten werden und stets und in jedem Falle mit dem Verlust des Tabaks, der Lasttiere und der Behältnisse verbunden sein; und wenn der Übertreter ein Ausländer sein wird, wird er über die genannte Geldstrafe und den Verlust des Tabaks hinaus auch noch zur Verbannung aus dem Großherzogtum verurteilt werden müssen. Und wenn mit dem Schmuggel eine Nötigung oder Gewalttätigkeit verbunden sein sollte – wie es bezüglich des Salzes gesagt wurde –, wird darauf als Strafe die Leibesstrafe bis einschließlich der Strafe der öffentlichen Zwangsarbeiten nach dem Ermessen dessen stehen, der darüber zu richten hat. Handelt es sich dann um den Käufer oder Besitzer, wird die Strafe stets um die Hälfte geringer als jene ausfallen, die – wie oben – für den Einführenden nach dem Verhältnis der Menge des erworbenen oder zurückgehaltenen Tabaks festgesetzt wurde.

CVII

Bei jeder Art von Schmuggel, bei dem man die Übertretung wird beweisen und den Übertreter überführen können, wollen Wir nicht, dass durch Inquisition verfahren werde, so dass ohne Auffindung der Schmuggelware niemand nach einem solchen Strafgesetz nicht nur nicht verurteilt, sondern noch nicht einmal gerichtlich verfolgt werden kann, wobei darüber hinaus die bereits erlassenen und bekannt gemachten Anordnungen in Kraft bleiben müssen, die die Justizbeamten an der Verhaftung jener hinderten, die beim Schmuggel betroffen wurden. Wir erklären im Übrigen, dass eine gerichtliche Vorführung jenes Übertreters sich nicht wird vermeiden lassen, der als Ausländer bei der Verhaftung keinen Bürgen für die Zahlung der Gerichtskosten stellt oder als Untertan für die von den Justizbeamten beigezogenen Zeugen eine unbekannte Person ist und ebenso, wenn er, ohne Zeugen beibringen zu können, anschließend verhaftet wurde.

CVIII

Wenn der Schmuggel von nur mäßigem Umfang sein wird, wird die Angelegenheit, nachdem jeder der Beteiligten von der Einleitung des Prozesses Abstand genommen hat, in einem summarischen Verfahren untersucht und mit einer sehr leichten demütigenden Strafe oder auch, wo es als ausreichend erscheinen wird, allein mit dem Verlust des Schmuggelgutes beendet werden.

CIX

Die Übertretungen der Gesetze und Gewohnheiten des Staates betreffend die Begräbnisse, die Spiele, die Hochzeiten, die ohne jede Beachtung der Ritualien der Kirche und zum Befremden der Geistlichen lärmend begangen werden, betreffend die Tage und Stunden, an welchen die Wirtshäuser und Kneipen geschlossen sein müssen, und was sonst noch in der Bekanntmachung vom 27. Dezember 1785 in Sachen der genannten Wirtshäuser und Kneipen enthalten sein mag, dies alles wird nach Abschaffung der Möglichkeit der Prozessführung durch Inquisition an die Polizeigerichtsbarkeit zur Ahndung abgegeben; in deren Rahmen werden der Gouverneur von Livorno, der Polizeipräsident im Florentinischen und der Fiskalauditor im Sienesischen Staatsgebiet, der Kommissar der Unteren Provinz und die jeweiligen örtlichen Richter richten, stets jedoch unter Mitwirkung der genannten höheren Beamten der Polizei, so wie auch alle anderen Vergehen und Übertretungen, die im eigentlichen Sinne mehr Gegenstand der Polizei sind, ihrer Polizeistrafgewalt überlassen bleiben, jedoch bei ständiger Beachtung dessen, was oben in Artikel 56 und in den fortgeltenden Bestimmungen geregelt wird, insoweit diese den Vikaren eine Kontrolle über die genannten Artikel gestatten.

CX

Wenn der Beklagte weder geständig noch überführt ist, weil es am vollen und vollkommenen Beweis seiner Schuld fehlt, er jedoch durch zureichende Indizien belastet ist, wird ihn der Richter zu einer außerordentlichen Strafe verurteilen können, vorausgesetzt, sie überschreitet nicht die Verbannung oder Zwangsverweisung; und nur, wenn dringlichste Indizien mit einem Kapitalverbrechen zusammentreffen, wird es erlaubt sein, die Strafe bis zu einem der unteren Grade der öffentlichen Zwangsarbeiten zu erstrecken; wenn aber wegen Mangels im Beweis die Verurteilung geringer als die ordentliche Strafe ausfallen wird, darf in keinem Fall der Verurteilte die Zurschaustellung unter dem Tor des Gerichtsgebäudes erleiden und so der Öffentlichkeit als eines bestimmten Verbrechens Schuldiger vorgestellt werden, von dessen Schuld der Richter selbst nicht hinreichend überzeugt ist.

CXI

Wir wollen allerdings, dass über alle aufgrund von Indizien Verurteilten sowie über alle jene Inquisiten, gegen die von den Richtern die Entbindung von der Instanz, d.h. der Prozess als nicht beendet verordnet wurden müsste, ein besonderer Bericht an den Polizeipräsidenten erstattet werde, damit er selbst die Überwachung solcher zu Recht für die Gesellschaft Verdächtiger veranlassen kann.

CXII

Jedes Mal, wenn der Täter zu der Strafe verurteilt wird, die für das Verbrechen verhängt war, das Anlass zur Untersuchung gegeben hat, wird er auch zur Erstattung der Schäden, Kosten und des Interesses zugunsten der verletzten Partei verurteilt werden müssen; diese werden, auch wenn der Verletzte dies nicht ausdrücklich beantragt hat, vom gleichen Kriminalrichter auch im selben Urteil berichtigt und geschätzt, solange dies die Vollstreckung der genannten Strafe nicht übermäßig verzögert. Der Verletzte muss stets das Vorrecht des

Zugriffs auf das Vermögen des Verurteilten besitzen, wenn er als Gläubiger mit dem Fiskus bezüglich jener Zahlungsschuld konkurriert, die der Täter selbst anlässlich seines Prozesses und seiner Verurteilung mit dem Fiskus vertraglich vereinbart hatte. Ist der Verurteilte nicht zahlungsfähig, wird es dem Gläubiger nicht verwehrt sein, wegen seiner aus einem Verbrechen oder Quasiverbrechen stammenden Forderung eine persönliche Klage gegen seinen Schuldner auch auf dem Zivilrechtsweg anzustrengen, auch wenn ein Verhör über das Vermögen nicht vorausgegangen ist; und deshalb soll bezüglich der Verurteilung und Fiskalforderung, wenn auf Antrag des Fiskus die Personalexekution erlaubt wurde, die Schuld mit Gefängnis von acht Tagen als abgebüßt gelten, sofern der Betrag nicht fünfundzwanzig Lire, mit Gefängnis von fünfzehn Tagen, wenn er nicht einhundert Lire, mit Gefängnis von einem Monat, wenn er nicht zweihundert Lire übersteigt, und so im Verhältnis mit jeweils fünfzehn Tagen Gefängnis für jede weiteren einhundert Lire einer höheren Schuld.

CXIII

Wenn aber wegen Mangels im Beweis verordnet wird, dass der Täter von der Instanz entbunden, d.h. der Prozess für nicht beendet erklärt werden muss, wird der Richter, wenn er es für sachdienlich hält, der verletzten Partei vorbehalten, ihre Ansprüche auf das eigene Interesse in einem Zivilprozess verfolgen zu können. Wenn dann der Täter zu einer Fiskalstrafe gemäß der oben festgesetzten Regelung verurteilt wird, wird ihn der Richter endgültig entweder erneut verurteilen oder freisprechen müssen, soweit es das Interesse des Verletzten betrifft, wobei er sich nach der Beschaffenheit der sich aus den Akten ergebenden Beweise zu richten und eigens abzuwägen haben wird, ob sich jene in einem Zivilprozess als ausreichend erweisen würden. Und sollte sich dadurch jemand beschwert finden, wird das Urteil des Kriminalrichters zu denselben Gerichten und Zivilrichtern appellationsfähig sein, an welche die zivilrechtlich verfolgten Sachen in der zweiten Instanz gelangen.

CXIV

Zur Verjährung der Verbrechen ordnen Wir an,

dass alle begangenen oder künftig noch zu begehenden Totschläge, Räubereien, Diebstähle, Fälschungen, Aufstände, Verrätereien, Mordtaten, Entführungen junger Mädchen, Gewalttätigkeiten gegenüber Männern oder Frauen und vollendete oder geplante Brandstiftungen durch die Gerichte und Richter Unseres Großherzogtums binnen zehn Jahren von dem Tage an, an dem solche

Verbrechen versucht oder vollendet worden sind – und nicht länger –, kriminalrechtlich untersucht, abgeurteilt und bestraft werden können und müssen;

dass alle die anderen Missetaten, Ausschreitungen und Übertretungen gleich welcher Art binnen fünf Jahren von dem Tag an gerechnet, an dem sie versucht oder vollendet worden sind – und nicht länger –, untersucht, abgeurteilt und bestraft werden können und müssen.

Und was die unerlaubten, durch Betrug und Wucher zustande gekommenen und von den Gesetzen für ungültig erklärten Verträge betrifft, soll die Frist der fünfjährigen Verjährung an dem Tag beginnen, an dem die Wucherzinsen oder andere unerlaubte Nutzungen fällig gewesen wären.

Was dann die Übertretungen betrifft, die von den Provinzialvikaren oder anderen Richtern und deren Beamten und Bediensteten während der Ausübung ihrer Ämter und der Verwaltung begangen werden sollten, so werden sie innerhalb eines Jahres von dem Tag der Amtsniederlegung an – und nicht länger – untersucht werden können und müssen, sofern es sich nicht um Fälschungen, Diebstähle, Totschläge oder andere der oben genannten Verbrechen handelt, die auch bei den vorgenannten Personen erst nach Ablauf von zehn Jahren verjähren dürfen.

Soweit es Straftäter betrifft, die nach den Vorschriften der früheren Gesetze zur Lebensstrafe (die im Falle der Vollstreckung jene sein wird, die Wir oben an ihre Stelle gesetzt haben) oder zur Ableistung öffentlicher Zwangsarbeiten verurteilt wurden und künftig zu öffentlichen Zwangsarbeiten verurteilt werden, soll bezüglich der jeweiligen, oben festgesetzten Verjährungsfristen die Strafwirkung des Urteils als unterbrochen gelten, auch wenn bei den Vorladungen, Bekanntmachungen oder in einem anderen Abschnitt des Prozesses irgendein Unwirksamkeitsgrund vorgelegen haben sollte; in diesen Fällen muss der Lauf der Verjährung ganz und in allem nach der Bestimmung des Ius Commune und nicht anders berechnet werden.

CXV

Nach Ablauf der oben dargelegten Fristen, innerhalb derer eine kriminalrechtliche Untersuchung, Verurteilung und Bestrafung gemäß der gegebenen Einteilung vorgenommen werden kann, bleibt es den Gerichten und Kriminalrichtern dennoch nicht verwehrt, selbst aus den bereits zusammengestellten Akten zu untersuchen und zivilrechtlich zu entscheiden, um das Verbrechen tatbestandsmäßig im Hinblick auf Schadensersatz oder ein anderes zivilrechtliches Interesse der Parteien festzustellen, wobei Wir überdies die genannten

Gerichte und Richter ermächtigen, dies zum Zweck der Minderung des Unglücks derselben jederzeit tun zu dürfen.

CXVI

Und weil die allgemeinen Grundsätze für die Strafen eines jeden Verbrechens festgelegt sind, ist die Anpassung und Bemessung derselben in den verschiedenen Fällen zum großen Teil dem Ermessen des Richters überlassen, je nachdem, wie es entweder die besondere Natur des Falles oder die Unterschiedlichkeit der Umstände, die zusammentreffen können, oder die Unvollständigkeit des Beweises erfordern; und da es nicht gestattet ist, sich eines solchen Ermessens ohne Unterstützung durch gediegene und wohlbegründete Argumente zu bedienen, verpflichten Wir deswegen alle Unsere Richter, die sich veranlasst sehen werden, einen Täter zu einer näher bestimmten Ermessensstrafe zu verurteilen, dabei den Grund offen zu legen und, damit er für jeden, dem daran gelegen ist, erkennbar werde, ihn kurz im Urteil selbst zum Ausdruck zu bringen.

CXVII

Um aber künftig hierfür eine Richtschnur zu haben, welche die Richter beständig zu einem einheitlichen Verfahren anleitet, wie Wir auch wollen, dass sie sich in ähnlichen Fällen soweit möglich ihr entsprechend verhalten, so hat man in jedem Gericht eine Tabelle zu führen, auf der alle Beschlüsse über eine Ermessensstrafe verzeichnet werden, und zwar mit der Bezeichnung des Verbrechens nach alphabetischer Ordnung, mit kurzer Darlegung aller das Verbrechen erschwerenden oder mildernden Umstände, mit Namen und Familiennamen des geständigen oder leugnenden, anwesenden oder nicht erschienenen, mehr oder minder in Verdacht geratenen Straftäters, mit Tag, Monat und Jahr des Urteils. Und in allen jenen Fällen, in denen die Richter des Obersten Kriminalgerichtshofes in Florenz und der Fiskalauditor von Siena der Meinung sein sollten, die Rechtsansicht der Vikare ändern zu müssen, haben sie den jeweiligen Kriminalgerichten eine Abschrift ihrer Voten zum dortigen Verbleib zu überlassen, um so der Unterrichtung sowohl der Vikare, die den Fall vorgelegt haben, wie auch deren Nachfolgern zu dienen.

CXVIII

Die anhängigen Strafsachen werden in allen den Fällen, die oben behandelt wurden, nach der dort vorgeschriebenen Form entschieden. In den in diesem Gesetz nicht geregelten Fällen werden die Richter auf die anderen im Großherzogtum befolgten Gesetze zurückgreifen, die dafür spezielle Regelungen vorsehen, dabei jedoch stets im Geiste der gegenwärtigen Reform und im Einklang mit den in ihr enthaltenen ausdrücklichen Bestimmungen.

CXIX

Wir vertrauen darauf, dass niemand die Nachsicht missbrauchen wird, mit der Wir glaubten, die Härte gewisser Gesetze und gewisser Gewohnheiten sowohl im Strafverfahren gegen die Täter wie auch bei ihrer Bestrafung mildern zu müssen, weil andererseits gewiss ist, dass an dem, der sie missbraucht und sich eines Verbrechens strafbar machen wird, die gesetzlich angeordnete und von Richtern verhängte Strafe unnachsichtig vollstreckt werden wird.

Deshalb widerrufen Wir jede Befugnis zur Gewährung der Herabsetzung, Abänderung, Ablösung oder zum Erlass sowohl von Geld- wie auch Leibesstrafen, die vordem Unsere Oberste Justizstelle für das Florentinische und der Generalstatthalter von Siena für das Sienesische Staatsgebiet besaßen; Wir befehlen, dass für die Geldstrafen fortan eine Herabsetzung oder irgendeine Ablösung nicht beantragt werden kann; und für die Leibesstrafen bestätigen Wir der genannten Obersten Justizstelle und dem Generalstatthalter der Regierung von Siena die Befugnis, Bittgesuche jeder Art zurückzuweisen, und wollen, dass sie unmittelbar Uns gegenüber nur über jene Bittgesuche zum Zwekke der Herabsetzung und Abänderung der Strafen Rechenschaft ablegen, die sie Unserer Beachtung für wert befinden, entweder weil sie nach Prüfung der Sache die von den Richtern getroffene Entscheidung für ungerecht oder beschwerend erachtet haben oder weil eine tatsächliche und dauernde Unfähigkeit des Täters offenkundig ist, die ihm auferlegte Strafe ertragen zu können.

Solches ist Unser Wille, dessen vollständige Vollziehung in Unserem ganzen Großherzogtum Wir befehlen, ungeachtet irgendeines entgegenstehenden Gesetzes, Statuts, Befehls oder irgendeiner Gewohnheit.

Gegeben zu Pisa, dem 30. November 1786.

Pietro Leopoldo

V. Alberti

C. Bonsi

Anhang

I. Literatur (Auswahl)

ALESSI, Giorgia: Questione giustizia e nuovi modelli processuali tra '700 e '800 – il caso leopoldino, in: La „Leopoldina“ 5, Milano 1989, pp. 151 ss.

ALESSI, Giorgia: Il processo penale. Profilo storico, Roma-Bari 2001.

ALESSI Palazzolo, Giorgia: Prova legale e pena. La crisi del sistema tra evo medio e moderno, Napoli 1979.

ALLMANN, Jean Marie: Außerordentliche Strafe und Instanzentbindung im Inquisitionsprozesse, Diss. jur. Göttingen, München 1903.

BALESTRERI, Paola: La fortuna della Leopoldina in Sassonia: Illuminismo e codificazione nell'opera di Christian Daniel Erhard, in: La „Leopoldina“ 5, Milano 1989, pp. 499 ss.

BECAGLI, Vieri: Il „Salomon du Midi“ e l'“Ami des Hommes“. Le riforme leopoldine in alcune lettere del Marchese di Mirabeau al Conte di Scheffer, in: Ricerche storiche Vol. VII (1977), pp. 137 ss.

BELLATALLA, Luciana: Pietro Leopoldo di Toscana. Granduca Educatore. Teoria e pratica di un despota illuminato, Lucca 1984.

BÜCHI, Hermann: Ein Menschenalter Reformen der Toten Hand in Toskana (1751–1790), Berlin 1912.

BÜCHI, Hermann: Finanzen und Finanzpolitik Toskanas im Zeitalter der Aufklärung (1737–1790) im Rahmen der Wirtschaftspolitik, Berlin 1915.

BUSSI, Emilio: Die Justiz des Großherzogs Peter Leopold von Habsburg-Lothringen in Toskana 1765–1790, in: Römische Historische Mitteilungen 17, Rom-Wien 1975, S. 175 ff.

CALISSE, Carlo: Storia del diritto penale italiano, dal secolo VI al XIX, Firenze 1895.

CALISSE, Carlo: Svolgimento storico del diritto penale in Italia dalle invasioni barbariche alle riforme del sec. XVIII, in: Enciclopedia del diritto penale italiano, raccolta di monografie a cura di Enrico Pessina, Vol. II, Roma-Milano-Napoli 1906, pp. 1 ss.

CAPPONI, Gino: Scritti editi e inediti. Per cura di Marco Tabarrini, Vol. II., Firenze 1877.

Carmignani, J. (Giovanni): Historisch juristische Darstellung der Criminalprocessgesetzgebung Peter Leopolds II, Grossherzogs von Toscana, in: Kritische Zeitschrift für Rechtswissenschaft und Gesetzgebung des Auslandes, Bd. 1, Heidelberg 1829, S. 345 ff.

Carmignani, Giovanni: Ueber die Schicksale der Todesstrafe in der Gesetzgebung von Toscana, in: Kritische Zeitschrift für Rechtswissenschaft und Gesetzgebung des Auslandes, Bd. 2, Heidelberg 1830, S. 385 ff.

Cattaneo, Mario A.: Illuminismo e legislazione, Milano 1966.

Cavanna, Adriano: La codificazione penale in Italia, Milano 1975.

Cavanna, Adriano: Storia del diritto moderno in Europa. Le fonti e il pensiero giuridico I, Ristampa inalterata, Milano 1982.

Cavanna, Adriano: Codificazione del diritto italiano e imperialismo giuridico francese nella Milano napoleonica, in: Ius Mediolani, Milano 1996, pp. 659 ss.

Cecchini, Bianca Maria: Il reato e la condanna nel sistema della Leopoldina. Mutamenti e variazioni nella struttura della pena (1781–1790). Prime note, in: La „Leopoldina“ 12, Milano 1991, pp. 259 ss.

Christoph, Paul: Großherzogtum Toskana. Ein Muster österreichischer Regierungskunst, Wien 1957.

Ciuffoletti, Zeffiro: I moderati toscani e la tradizione leopoldina, in: I Lorena in Toscana, Convegno internazionale di studi (Firenze, 20-21-22 novembre 1987). a cura di C. Rotondi, Firenze 1989, pp. 121 ss.

Cochrane, Eric W.: Le riforme leopoldine in Toscana nella corrispondenza degli inviati francesi (1766–1791), in: Rassegna storica del Risorgimento XLV, Roma 1958, pp. 199 ss.

Colao, Floriana: „Post tenebras spero lucem“. La giustizia criminale senese nell’età delle riforme leopoldine, La „Leopoldina“ 7, Milano 1989.

Coluccia, Anna: Indagine tecnico – scientifica e valenza etica nell’attività peritale sul reato di stupro nella trattatistica settecentesca, in: La „Leopoldina“ 12, Milano 1991, pp. 147 ss.

Comanducci, Paolo: La scuola criminalistica pisana tra Sette e Ottocento, in: La „Leopoldina“ 10, Milano 1990, pp. 241 ss.

Crome, August, Friedrich, Wilhelm: Die Staatsverwaltung von Toskana unter der Regierung seiner königlichen Majestät Leopold II., Bd. 1, Gotha 1795.

Da Passano, Mario: La giustizia penale e la riforma Leopoldina in alcuni inediti di Condorcet, in: Materiali per una storia della cultura giuridica Vol. V, Bologna 1975, pp. 351 ss.

DA PASSANO, Mario: I lavori preparatori della „Leopoldina“: Fonti e ipotesi di ricerca, in: Materiali per una storia della cultura giuridica, a. XIV, n. 1, Bologna 1984, pp. 41 ss.

DA PASSANO, Mario: „Leopoldina“: Il progetto del Granduca, in: Materiali per una storia della cultura giuridica, a. XV, n. 2, Bologna 1985, pp. 301 ss.

DA PASSANO, Mario: La „Leopoldina“ è un codice moderno?, in: Materiali per una storia della cultura giuridica, a. XVII, n. 2, Bologna 1987, pp. 469 ss.

DA PASSANO, Mario: Dalla „mitigazione delle pene“ alla „protezione che esige l'ordine pubblico“. Il diritto penale toscano dai Lorena ai Borbone, La „Leopoldina“ 3, Milano 1988.

DA PASSANO, Mario: La storia esterna del codice penale toscano (1814–1859), in: Pubblicazioni degli Archivi di Stato, Saggi 31, Roma 1994, pp. 564 ss.

DA PASSANO, Mario: Le statistiche giudiziarie come strumento di politica penale: il Granducato di Toscana, in: Materiali per una storia della cultura giuridica, a. XXV, n. 1, Bologna 1995, pp. 43 ss.

DA PASSANO, Mario: La pena di morte nel Granducato di Toscana (1786–1860), in: Materiali per una storia della cultura giuridica, a. XXVI, n. 1, Bologna 1996, pp. 39 ss.

DA PASSANO, Mario: I tentativi di codificazione penale nel Granducato di Toscana. Il progetto di Giuseppe Puccioni (1838), in: Materiali per una storia della cultura giuridica, a. XXVI, n. 2, Bologna 1996, pp. 319 ss.

DA PASSANO, Mario: Emendare o intimidire? La codificazione del diritto penale in Francia e in Italia durante la rivoluzione e l'impero, Torino 2000.

DEZZA, Ettore: Note su accusa e inquisizione nella dottrina settecentesca, in: La „Leopoldina“ 10, Milano 1990, pp. 185 ss.

DIAZ, Furio: „La Philosophie“ e il riformismo Leopoldino, in: Rassegna storica toscana XI, Firenze1965, pp. 193 ss.

DIAZ, Furio: Francesco Maria Gianni. Dalla burocrazia alla politica sotto Pietro Leopoldo di Toscana, Milano-Napoli 1966.

DIAZ, Furio: Agl'inizi della dinastia lorenese in Toscana. I problemi della reggenza, in: in: Studi di storia medievale e moderna per Ernesto Sestan, II Età moderna, Firenze 1980, pp. 669 ss.

DIAZ, Furio: Toscana e Lombardia nell'età di Maria Teresa: Modelli di sviluppo del riformismo asburgico in Italia, in: Economia, istituzioni, cultura in Lombardia nell'età di Maria Teresa. A cura di Aldo Maddalena, Ettore Rotelli, Gennaro Barbarisi, Vol. II, Milano 1982, pp. 3 ss.

DIAZ, Furio: Dal movimento dei lumi al movimento dei popoli. L'Europa tra illuminismo e rivoluzione, Bologna 1986.

DIAZ, Furio: La „Leopoldina“. Criminalità e giustizia criminale nelle riforme del settecento europeo, in: Rivista storica italiana 99/I, Napoli 1987, pp. 84 ss.

DI RENZO VILLATA, Gigliola: Giuristi, cultura giuridica e idee di riforma nell'età di Beccaria, in: Cesare Beccaria tra Milano e l'Europa. Convegno di studi per il 250° anniversario della morte, Roma Bari 1990, pp. 225 ss.

DI SIMONE, Maria Rosa: Aspetti della cultura giuridica austriaca nel settecento, Roma 1984.

DI SIMONE, Maria Rosa: Istituzioni e fonti normative in Italia dall'Antico Regime al fascismo, Torino 2007.

DREI, Giovanni: Il Regno d'Etruria (1801–1807), con una appendice di documenti inediti, Modena 1935.

ERHARD, Christian Daniel: Betrachtungen über Leopolds des Weisen Gesetzgebung in Toscana, Dresden – Leipzig 1791.

FISCHL, Otto: Der Einfluss der Aufklärungsphilosophie auf die Entwicklung des Strafrechts in Doktrin, Politik und Gesetzgebung und Vergleichung der damaligen Bewegung mit den heutigen Reformversuchen, Breslau 1913 (Neudruck Aalen 1973).

FLORE, Giuseppe: Appunti sugli ordinamenti giudiziari toscani, in: Studi in memoria di Andrea Torrente, Vol. I, Milano 1968, pp. 350 ss.

GABRIELI, Francesco P.: Carmignani Giovanni, Novissimo Digesto Italiano, Vol. II, 3. Ed., p. 958, Torino 1957.

GOVERNO: della Toscana sotto il Regno ...

GRAF, Gerda: Der Verfassungsentwurf aus dem Jahr 1787 des Granduca Pietro Leopoldo di Toscana, Berlin 1998.

GREMIGNI, Elena: Di alcune opere politiche pubblicate a Livorno nell'età di Pietro Leopoldo, in: Il pensiero politico, 27 (1994), Firenze, pp. 414 ss.

GRÜNBART, Andrea Nathalia: La Riforma leopoldina. Eine Grundlagenbetrachtung oder Die Erziehung der Toskaner zur konstitutionellen Monarchie, Diss, jur. Salzburg, 1997.

GUERRINI, Roberto: I delitti di sangue nel sistema della Leopoldina, in: La „Leopoldina“ 5, Milano 1989, pp. 31 ss.

GÜNTHER, Louis: Die Strafrechtsreform im Aufklärungszeitalter, in: Archiv für Kriminal-Anthropologie und Kriminalistik 28 (1907), Leipzig, S. 112 ff.

GÜNTHER, Louis: Die Idee der Wiedervergeltung in der Geschichte und Philosophie des Strafrechts, Abteilung 3, Erlangen 1895 (Neudruck Aalen 1970).

HALLER, Carl Ludwig von: Restauration der Staatswissenschaft oder Theorie des natürlich-geselligen Zustands, der Chimäre des künstlich-bürgerlichen entgegengesetzt, 2. Aufl., Winterthur 1820 (Neudruck Aalen 1964).

Hirsch, Ferdinand: Leopold II. als Großherzog von Toskana, in: Historische Zeitschrift 40 (1878), S. 433 ff.

Holldack, Heinz: Die Neutralitätspolitik Leopolds von Toscana, in: Historische Vierteljahrschrift 30 (1935), S. 732 ff.

Holldack, Heinz: Die Reformpolitik Leopolds von Toskana, in: Historische Zeitschrift 165 (1942), S. 23 ff.

Holtzendorff, Franz v.: Handbuch des deutschen Strafrechts, Bd. 1, Berlin 1871.

Imberciadori, Ildebrando: L'agricultura al tempo dei Lorena, in: I Lorena in Toscana, Convegno internazionale di studi (Firenze, 20-21-22 novembre 1987). a cura di C. Rotondi, Firenze 1989, pp. 139 ss.

Kann, Robert A.: Geschichte des Habsburgerreiches 1526–1918, 1. Aufl., Wien-Köln-Graz 1977.

König, Gisela: Rom und die toskanische Kirchenpolitik (1765–1790), Diss. phil. Köln, 1964.

Krüger, Friedhelm: Christian Daniel Erhard und sein Entwurf eines Gesetzbuches über Verbrechen und Strafen für das Königreich Sachsen, Bonn 1963.

Laguzzi, Marina: L'alienazione dei beni ecclesiastici in Toscana sotto Pietro Leopoldo: un sondaggio in Valdinievole, in: Archivio Storico Italiano (1995), pp.335 ss.

La Rosa, Giorgio: Il sigillo delle riforme. La „Costituzione" di Pietro Leopoldo di Toscana, Milano 1997.

Lettner, Gerda: Das Rückzugsgefecht der Aufklärung in Wien 1790–1792, Frankfurt/New York 1988.

Mangio, Carlo: La polizia toscana. Organizzazione e criteri d'intervento (1765–1808), La „Leopoldina" 6, Milano 1988.

Marrara, Danilo: Diritto patrio e diritto comune nei progetti toscani di codificazione dell'età della Reggenza, in: Bollettino Storico Pisano Vol. XLIII, Pisa 1974, pp. 139 ss.

Mazzacane, Aldo: Carmignani Giovanni, Dizionario biografico degli Italiani, Vol. XX, Roma 1977.

Mirri, Mario: La fisiocrazia in Toscana: Un tema da riprendere, in: Studi di storia medievale e moderna per Ernesto Sestan, II Età moderna, Firenze 1980, pp. 703 ss.

Mirri, Mario: Riflessioni su Toscana e Francia, riforme e revoluzione, in: Accademia Etrusca di Cortona, Annuario XXIII, 1987–88, Calosci-Cortona 1989, pp. 117 ss.

Mittermaier, Carl Joseph Anton: Ueber den Zustand der Criminalrechtswissenschaft in Italien: in: Kritische Zeitschrift für Rechtswissenschaft und Gesetzgebung des Auslandes, Bd. 5, Heidelberg 1833, S. 114 ff., 473 ff.

MORI, Renato: Le riforme leopoldine nel pensiero degli economisti toscani del '700, Firenze 1951.

NOBILI, Massimo: Il principio del libero convincimento del giudice, Milano 1974.

PADOVANI, Tullio: Lettura della Leopoldina. Un'analisi strutturale, in: La „Leopoldina" 5, Milano 1989, pp. 1 ss.

PASSERIN D'ENTREVES, Ettore: Die Politik der Jansenisten in Italien gegen Ende des 18. Jahrhunderts, in: Der aufgeklärte Absolutismus, hgg. v. Karl Otmar Frhr. v. Aretin, Neue Wissenschaftliche Bibliothek 67 Geschichte, Köln 1974, S. 234 ff.

PASTA, Renato: Beccaria tra giuristi e folosofi: aspetti della sua fortuna in Toscana en nell'Italia centrosettentrionale, in: Cesare Beccaria tra Milano e l'Europa, Convegno di studi per il 250. anniversario della nascita promosso dal Commune di Milano, Sergio Romagnoli e Gian Domenico Pisapia, Roma 1990, pp. 512 ss.

PATERNITI, Carlo: Note al codice criminale toscano del 1786, Padova 1985.

PEHAM, Helga: Leopold II. Herrscher mit weiser Hand, Graz-Wien-Köln 1987.

PERTILE, Antonio: Storia del diritto italiano, Seconda edizione, Vol.V. VI, Bologna 1966 (Nachdruck).

PESENDORFER, Franz: Ein Kampf um die Toskana. Großherzog Ferdinand III. 1790–1824, Wien 1984.

PESENDORFER, Franz: Die „Riscoperta" der Habsburg-Lothringer in der Toskana, Römische Historische Mitteilungen 31, Wien 1989, S. 23 ff.

PESSINA, Enrico: Il diritto penale in Italia da Cesare Beccaria sino alla promulgazione del codice penale vigente (1764–1890), in: Enciclopedia del diritto penale italiano, raccolta di monografie, a cura di Enrico Pessina, Vol. II, Roma-Milano-Napoli 1906, pp. 539 ss.

PIANO MORTARI, Vincenzo: Tentativi di codificazione nel Granducato di Toscana nel secolo XVIII, in: Rivista italiana per le scienze giuridiche, Vol. VI (1952/53), Milano, pp. 285 ss. (inhaltlich-sachlich identisch mit dem gleichnamigen, bei Liguori Editore Napoli 1971 erschienen Buch, dort jedoch ohne Fußnoten).

REHBACH, Bernd: Der Entwurf eines Kriminalgesetzbuches von Karl Theodor von Dalberg aus dem Jahre 1792, Berlin 1986.

REINALTER, Helmut: Aufgeklärter Absolutismus und Revolution. Zur Geschichte des Jakobinertums und der frühdemokratischen Bestrebungen in der Habsburgermonarchie, Wien-Köln-Graz 1980.

REINHARDT, Volker: Geschichte Italiens. Von der Spätantike bis zur Gegenwart, München 2003.

REUMONT, Alfred von: Geschichte Toscana's seit dem Ende des florentinischen Freistaates, Zweiter Theil, Gotha 1877.

REVISION: des Peinlichen Gesetzbuches Seiner K. Apost. Majest. Leopold des Zweyten für das Grossherzogtum Toskana, aus der englischen periodischen Schrift: The Monthly Review, Wien 1790.

RÜPING, Hinrich: Das Leopoldinische Strafgesetzbuch und die strafrechtliche Aufklärung in Deutschland, in: La „Leopoldina“ 5, Milano 1989, S. 535 ff.

RÜPING, Hinrich – JEROUSCHEK, Günter: Grundriss der Strafrechtsgeschichte, 5. Aufl., München 2007.

RUTA, Leonardo: Tentativi di riforma dell'Università di Pisa sotto il Granduca Pietro Leopoldo (1765–'90), in: Quaderni Fiorentini 8 (1979), pp. 197 ss.

SALMONOWICZ, Stanislaw: „Leopoldina“: Il codice penale toscano dell'anno 1786, in: Rivista italiana per le scienze giuridiche, Vol. XIII (1969), Milano, pp. 173 ss.

SALVESTRINI, Arnaldo (Ed.)**:** Pietro Leopoldo. Relazioni sul governo della Toscana. A cura di Arnaldo Salvestrini, Vol. I, Firenze 1969.

SALVESTRINI, Arnaldo – CECCHINI, Bianca Maria: Reati e pene a Firenze prima e dopo la „Leopoldina“. Per uno studio statistico sulla criminalità fiorentina (1781–1790), in: La „Leopoldina“ 12, Milano 1991, pp. 229 ss.

SANTONCINI, Gabriella: La legislazione premiale dello stato foirentino nel secoli XVI–XVIII, in: La „Leopoldina“ 11, Milano 1990, pp. 3 ss.

SCHLOSSER, Hans: Die toskanische „Leopoldina” von 1786. Ein aufgeklärtes Kriminalgesetzbuch als Modell für ein neues europäisches Strafrecht?, in: Gedächtnisschrift f. Herbert Hofmeister, Wien 1996, 641 ff.

SCHLOSSER, Hans: Das Strafensystem der „Riforma della legislazione toscana“ von 1786, in: Nozione, formazione e interpretazione del diritto, Ricerche dedicate al Prof. Filippo Gallo, Napoli 1997, 337 ff.

SCHLOSSER, Hans: Methodische Konzeption und System der aufgeklärten toskanischen „Leopoldina” v. 30. November 1786, in: Zeitschrift für Neuere Rechtsgeschichte 21 (1999), 136 ff.

SCHLOSSER, Hans: Verfassungs- und Rechtsreformen des aufgeklärten Habsburgers Granduca Pietro Leopoldo di Toscana im 18. Jahrhundert, in: « De curia semel in anno facienda ». L'esperienza parlamentare siciliana nel contesto europeo, Andrea Romano (a cura di), Milano 2002, 221 ff.

SCIUMÈ, Alberto: Gli illeciti commerciali nella legislazione criminale del 30 novembre 1786: prime note, in: La „Leopoldina“ 5, Milano 1989, pp. 69 ss.

SELLERT, Wolfgang: Studien- und Quellenbuch zur Geschichte der deutschen Strafrechtspflege, Bd. 1, Aalen 1989.

SILVI, Maura: Tecnicismo e sinonimia in tre codici penali del Settecento, in: La „Leopoldina“ 5, Milano 1989, pp. 687 ss.

Spagnesi, Enrico: Giovanni Carmignani e il problema dell'insegnamento del diritto, in: Giovanni Carmignani (1768–1847), a cura di Mario Montorzi, Pisa 2003, 463 ss.

Spilka, Herbert: Die Pressepolitik Leopolds II., Diss. phil. Wien 1980.

Spirito, Ugo: Storia del diritto penale italiano, Parte I e II, Roma 1925.

Stooss, Carl: Lehrbuch des österreichischen Strafrechts, 2. Aufl., Wien - Leipzig 1913.

Szabo, Denis – Pietralunga, Susanna: Ruptures dans le concept de nature au XVIIIe siècle: Essai d'interprétation des crimes contre nature dans la Léopoldine – 1786, in: La „Leopoldina" 12, Milano 1991, pp. 93 ss.

Tarello, Giovanni: Storia della cultura giuridica moderna, Vol. I, Bologna 1976.

Turi, Gabriele: „Viva Maria". La reazione alle riforme leopoldine (1790–1799), Firenze 1969.

Valsecchi, Franco: Der aufgeklärte Absolutismus (Italien), in: Der aufgeklärte Absolutismus, hgg. v. Karl Otmar Frhr. v. Aretin, Neue Wissenschaftliche Bibliothek 67 Geschichte, Köln 1974, S. 205 ff.

Venturi, Franco (Ed.)**:** Illuministi italiani, Tom. III, Milano, Napoli 1958.

Venturi, Franco: Settecento riformatore, vol I – Da Muratori a Beccaria, Torino 1969.

Venturi, Franco: L'Italia fuori d'Italia, in: Storia d'Italia, Vol. III, Torino 1973, pp. 985 ss.

Venturi, Franco (Ed.)**:** Cesare Beccaria, Dei delitti e delle pene, Torino 1978, pp. 258–300.

Venturi, Franco: Settecento riformatore, vol. IV – La caduta dell'Antico Regime (1776–1789), tom 1, Torino 1984.

Verga, Marcello: Da „cittadini" a „nobili". Lotta politica e riforma delle istituzioni nella Toscana di Francesco Stefano, La „Leopoldina" 4, Milano 1990.

Villani, Ferdinando: Della genesi del diritto di punire, Salerno 1865.

Viora, Mario: Consolidazione e codificazione. Contributo alla storia della codificazione, 3. ed., Torino 1967.

Wandruszka, Adam: Joseph II. und das Verfassungsprojekt Leopolds II.. Die Abolition und Wiedererrichtung der toskanischen Sekundogenitur, in: Historische Zeitschrift 190 (1960), S. 18 ff.

Wandruszka, Adam: Die Persönlichkeit Kaiser Leopolds II., in: Historische Zeitschrift 192 (1961), S. 295 ff.

Wandruszka, Adam: Leopold II. Erzherzog von Österreich, Großherzog von Toskana, König von Ungarn und Böhmen, Römischer Kaiser, Bd. I 1747–1780, Bd. II 1780–1792, Wien-München 1965.

Wandruszka, Adam: Das toskanische Verfassungsprojekt, in: Der aufgeklärte Absolutismus, hgg. v. Karl Otmar Frhr. v. Aretin, Neue Wissenschaftliche Bibliothek 67 Geschichte, Köln 1974, S. 264 ff.

Weis, Eberhard: Cesare Beccaria (1738–1794), Mailänder Aufklärer und Anreger der Strafrechtsreformen in Europa, Sitzungsberichte der Bayerischen Akademie der Wissenschaften Philosophisch-Historische Klasse, Jgg. 1992, Heft 5, München 1992.

Woolf, Stuart J.: La storia politica e sociale, in: Storia d'Italia, Volume terzo. Dal primo Settecento all'Unità, Torino 1973, pp. 3 ss.

Zimmermann, Joachim: Das Verfassungsprojekt des Großherzogs Peter Leopold von Toscana, Heidelberg 1901.

Zobi, Antonio: Storia civile della Toscana dal 1737 al 1848, tom. II, Firenze 1850.

Zuliani, Dario: La riforma penale di Pietro Leopoldo, 2 Volumi, La „Leopoldina" 2, Milano 1995.

II. Register

Die Ziffern bezeichnen die Artikel.

MIX
Papier | Fördert gute Waldnutzung
FSC® C083411

Kolibri 360 GmbH
Ferdinand-Jühlke-Straße 7
99095 Erfurt, Deutschland
produktsicherheit@kolibri360.de